世界茶文化学术研究丛书　姚国坤　[日]熊仓功夫　总编

陆羽《茶经》研究

关剑平　[日]中村修也　主编

U0336032

中国农业出版社

图书在版编目（CIP）数据

陆羽《茶经》研究/关剑平，（日）中村修也主编
. —北京：中国农业出版社，2014.3（2021.1重印）
（世界茶文化学术研究丛书）
ISBN 978-7-109-18843-3

Ⅰ.①陆… Ⅱ.①关…②中… Ⅲ.①茶—文化—中
国—古代②《茶经》—研究 Ⅳ.①TS971

中国版本图书馆 CIP 数据核字（2014）第 014145 号

中国农业出版社出版
（北京市朝阳区农展馆北路 2 号）
（邮政编码 100125）
责任编辑 姚 佳

北京中兴印刷有限公司印刷 新华书店北京发行所发行
2014 年 5 月第 1 版 2021 年 1 月北京第 2 次印刷

开本：700mm×1000mm 1/16 印张：11
字数：150 千字
定价：58.00 元
（凡本版图书出现印刷、装订错误，请向出版社发行部调换）

丛书编委会

顾　问　宋少祥

总　编　姚国坤　〔日〕熊仓功夫

本书编委会

主　编　关剑平　〔日〕中村修也

编　委　（以姓氏笔画为序）

　　　　〔日〕中村羊一郎　〔日〕中村修也　关剑平

　　　　余　悦　沈冬梅　姚国坤　〔日〕高桥忠彦

　　　　程启坤　〔日〕熊仓功夫

世界茶文化学术研究会创设经纬

2009年12月8日，禅茶文化论坛在灵隐寺召开，时任林原美术馆馆长的熊仓功夫先生应邀与会，在讨论时先生提到了持续研究的重要性，除了时间上的持续，还有通过学术批评体现的研究内容的持续，只有这样才能保证研究的深入。尤其后者在中国茶文化研究界几乎不存在，因此引起会议代表的广泛共鸣。为了借助日本的经验提高中国茶文化学术研究的水准，我开始推动以熊仓先生为中心的学术研究机构的建立工作。9日，熊仓先生在文教大学教授中村修也和我的陪同下访问中国国际茶文化研究会，沈才土副会长负责接待，在座的还有释光泉副会长、程启坤名誉副会长和姚国坤副秘书长。在这次礼节性访问中取得的最大的成果就是中日双方就组织召开茶文化的学术会议达成了一致意见。按照中国的习惯，会议既是一个团体成立的标志，也是组织能力的试练。

"世界茶文化学术研究会"就这样开始筹备。中村修也教授与我开始就名称、目的、运营等各方面展开频繁的邮件沟通，迥异的国情是最大的难关，好在有提高茶文化研究水准的共同认识作为坚实的基础。半年之后的2010年5月30日，来华参加"第十一届国际茶文化研讨会"的中村修也教授在重庆永川再次与程启坤、姚国坤和我就学会与会议的筹备交流意见。回国后，中村教授草拟了所有草案。在中国国际茶文化研究会的支持下，在常务副会长徐鸿道先生的关心下顺利完成了研究会的筹备。10月份，中日拥有提高茶文化学术研究水准共同认识的基本成员的组织工作宣告完成，新年之后，陆羽《茶经》的会议主题也定了下来。程启坤、姚国坤和我开始具体准备会议。

2011年9月16～20日，以"世界茶文化史上的陆羽《茶经》"为主题的"世界（中日）茶文化学术会议"在杭州召开。与会日本学者有静冈文化艺术大学校长熊仓功夫教授、静冈产业大学中村羊一郎教授、东京学艺大学高桥忠彦教授、文教大学中村修也教授；中国学者有中国农业科学院茶叶研究所程启坤研究员、浙江农林大学姚国坤研究员、江西省社会科学院余悦研究员、中国社会科学院历史研究所沈冬梅研究员、时任浙江树人大学副研究员的我等。这个会议的成功召开标志着以提升茶文化学术研究水准、促进世界各国茶文化学者交流为主要目标的茶文化学术研究组织成立。

我在《禅茶：历史与现实》（浙江大学出版社，2011年3月）的《引言——作为禅茶实践新起点的学术研究》里对世界茶文化学术研究会的缘起留下了最初的记录，只是没有充分的信心，"中日双方已经就召开茶文化学术会议达成意向，由中日组织发起的世界性茶文化学术研究将以更加完善、有效的形式展开，最终对各国的茶文化学术研究与实践发展产生怎样的影响，不妨拭目以待。"现在研究会已经成立，但是任重道远，仍然面临各种各样的困难。希望我们的工作能够建立起学术研究的交流平台，唤起更多的学者关注茶文化，实现成立研究会的初衷。

关剑平

一稿 2012 年 7 月 7 日

二稿 2013 年 9 月 13 日

目 录

四、《茶经》与日本

五、附录

一、陆羽研究

陆羽其人、其事与其绩

中国国际茶文化研究会　姚国坤

陆羽是中国茶及茶文化发展史上具有划时代意义的人物。其人、其事、其绩，历代多有记载。其所著《茶经》，在中国，乃至世界茶业发展史上是一本千秋不朽之作，虽历经 1 200 余年，至今仍有现实指导意义。有鉴于此，后人尊陆羽为茶圣，誉陆羽是茶仙，祀陆羽若茶神，长留在人间。

一、陆羽身世，至今存有不少谜团

陆羽身世，谜团丛生。他出世于哪家，生于何年何月，姓甚名谁？历来说法不一。古书云：陆羽，"不知所生"，指的就是这个意思。

1. 陆羽是弃婴，还是遗孤　据宋代欧阳修、宋祁《新唐书·隐逸》、清代道光《天门县志》载：陆羽"不知所生，或言有僧晨起，闻湖畔群雁喧集，以翼覆一婴儿，收蓄之。"说：一天，竟陵（今湖北天门）龙盖寺智积大师，早晨起来，在当地的西湖之滨，闻听有群雁喧闹，并发现有许多大雁张开翅膀，用羽翼温暖和掩护一个婴儿。于是智积把他抱回寺院收养。在这里，说陆羽原本是个弃婴，这也是多数学者的认识。不过在这里，对陆羽的出世不免带有一些神奇色彩。为此，有的学者提出疑问，认为：欧阳修（1007—1072）、宋祁（998—1061）与陆羽生平相距 200 年之多，此前对陆羽出身，并无此说；而"群雁"、"翼覆"、"婴儿"，终究是一种传闻，难以置信。何况在一个寺院里，作为一个僧侣，要养一个襁褓中的"嗷、嗷"待乳的婴儿，似乎与常理相悖，难以使人信服。

而《陆文学自传》云：陆羽"始三岁，惸①露，育于竟陵大师积公之禅。"说陆羽原本是个遗孤，3岁时孤孤单单地遗弃在露天之下，为积公大师收养于龙盖寺，才养育成人。这与《新唐书·隐逸》说法是不一样的，陆羽究竟是弃婴，还是遗孤？仍然是个谜。不过，有一点是明确的，无论是《陆文学自传》，还是《新唐书·隐逸》，都说是为竟陵龙盖寺智积大师收养而成人的。

这里，积公是对湖北天门龙盖寺智积大师的尊称。说他有一日，早晨起来在湖边散步，见露天下有个孤单的幼童，于是就带回寺中，抚养长大。有学者认为：说陆羽是个遗孤，收养在寺院中长大，合乎情理，较为可信。但也有不同看法：认为陆羽平生立志事业，不慕名利，无意仕途，即使朝廷诏拜"太子文学"、"太常侍太祝"，均拒不从命，怎么会在《陆文学自传》前冠以"太子"官衔炫耀自己呢？认为《陆文学自传》是后人冒名杜撰之作。于是，陆羽是弃婴，还是遗孤？就成了学术界对陆羽研究的一大疑点。

2. 竟陵龙盖寺智积大师是陆羽的"再生父母"　龙盖寺坐落在复州竟陵（今湖北天门）城西西湖的覆釜洲上，相传始建于东汉。东晋时，高僧支遁（即支公）就在此居住过。支遁还曾在西湖附近的官池旁开凿了一口井，井口有三个眼，呈品字形，后人称其为三眼井，专供龙盖寺煮茶饮水之用。唐开元年间（713—741），智积禅师为龙盖寺住持，直至圆寂，一直未曾离开龙盖寺，因而使龙盖寺名声大振。陆羽在年少孩提时，为智积大师收养，也曾在龙盖寺生活过近10年，在此自幼习文，智积可谓是陆羽的再生父母。此后，龙盖寺又改名为西塔寺，所以在研究陆羽生平时，有不少引文提到西塔寺，其实指的就是龙盖寺。

3. 陆羽出生年月，至今有疑　在《新唐书》、《唐才子传》、《唐诗纪事》中，虽然都谈到陆羽的出生，但均称不知其生年和他的父母。唯在《全唐文·陆文学自传》中，说陆羽在"上元辛丑岁，子阳秋二十有九"。

---

① 惸：读"琼"，无兄弟之意。

而上元辛丑岁是公元 761 年，再按此推算，陆羽的出生年月应是公元 733 年，即唐玄宗开元二十一年。可也有人认为：《全唐文·陆文学自传》的这个说法，缺少前提。所以，在《中国人名大词典》等一些典籍中，在谈到陆羽出生年月时，均注为约公元 733 年，即 "733?"。不过，对于陆羽卒于唐德宗贞元二十年（804）的说法，几乎没有人提出疑虑。

4. 陆羽姓和名的由来 史载：陆羽（733?—804），唐代复州竟陵（今湖北天门）人，字鸿渐。那么，陆羽既是领养，不知其父、其母，他的姓和名又是怎么来的呢？史载：陆羽幼年时，抚养陆羽的智积，叫他虔诚占卦，根据卦辞，智积遂给他定姓 "陆"，取名 "羽"。这在《全唐文·陆羽小传》中写得很清楚，说：陆羽 "既长，以易自筮，得蹇之渐曰：'鸿渐于陆，其羽可用为仪。'乃以陆为氏，名而字之。" 对此，《唐才子传·陆羽》中，亦有类似描述："以《易》自筮，得蹇之渐曰：'鸿渐于陆，其羽可用为仪。'以为姓名。" 如此，这个为智积大师收养的孩子，便有了自己的姓和名，他就是后来成为茶圣的陆羽。

5. 陆羽的出生地和名、字、号的由来 陆羽既是唐代时，在复州竟陵湖滨捡得，自幼在竟陵龙盖寺长大，因此当为唐代复州竟陵（今湖北天门）人。所以，史载：陆羽，唐代复州竟陵（今湖北天门）人，名羽，字鸿渐。一名疾，字季疵（见《新唐书·陆羽传》）。但也有对陆羽的名和字不作肯定的，说："陆子名羽，字鸿渐，不知何许人也；或云：字羽，名鸿渐，未知孰是（见《陆文学自传》）。"

还有，陆羽的号很多：因出生于复州竟陵，所以自称竟陵子（见《广信府志·杂记》）；又因隐居湖州苕溪，所以又自称桑苎翁（见《新唐书·陆羽传》）；曾因在竟陵城东东岗村居住过，所以还自称东岗子。

此外，同代人颜真卿等称陆羽为陆生或陆处士，潘述称陆羽为陆三，皇甫曾等称陆羽为陆鸿渐山人。

又因陆羽在信州（今江西上饶）府城北茶山寺居住过，人称茶山御史；因朝廷曾诏拜陆羽为太子文学，人称陆文学；因陆羽在广州东园居住过，人称东园先生（见《广信府志》）；因朝廷诏徙过陆羽为太常寺太祝，人称陆太祝。更有出于对陆羽的崇敬，有称陆羽为茶颠（见《茶录》）、茶仙（诗人耿湋与陆羽联句诗）、茶神（见《新唐书·陆羽传》）的。不过，字和号多了，自然会给后带来一些麻烦。但却表明：陆羽虽"不知所生"，但也有姓有名，有字有号。

另外，对于陆羽长相和为人，亦有不少记载。多说陆羽其貌"不扬"，脾气"倔强"，讲话"口吃"。在这方面，在陆羽《陆文学自传》中，说得最为明白。说陆羽："有仲宣、孟阳之貌陋，相如、子云之口吃，而为人才辩笃信，偏躁多自用意。朋友规谏，豁然不惑。凡有人宴处，意有不适，不言而去。人或疑之，谓多生瞋。及与人为信，虽冰雪千里，虎狼当道，而不愆也。"对此，在元代辛文房的《唐才子传·陆羽》中，亦有类似记述。说陆羽是："貌寝，口吃而辨。闻人善，若在己。与人期，虽阻虎狼不避也。"其意与《陆文学自传》中说的一样。

二、陆羽一生，历尽艰辛，潜心茶事，成为一代宗师

陆羽一生，从小被遗弃，历经少年、成年，直至晚年，潜心茶事，志矢不遗，最终业绩辉煌，成为一代宗师。但一生走过的路，可谓艰难、曲折、多磨。

1. 青少年时，受尽磨难，志矢不移 陆羽孩提时，受尽磨难。青年时，巧遇名师，加之陆羽好学，学问大有长进，为以后的事业有成打下良好的基础，终使陆羽成为茶及茶文化事业的开创者，茶学科的奠基人。

（1）年幼习茶，为致力茶学打下基础。孩提时的陆羽，在龙盖寺为智积大师收养后，就生活在寺院之中。智积在教他习文的同时，又教他煎茶。由于少年陆羽煎茶技能长进甚快，使积公非陆羽煎茶不饮。近十年的寺院生活，为陆羽以后择茶为己任，以及在茶学事业上取得的卓越成就，打下了基础。所以，历史学家范文澜在《中国通史简编》里说："僧徒生活是最闲适的，斗茶品茗，各显新奇，因之在寺院生长的陆羽，能依据见闻，著《茶经》一书。"

（2）幼小不愿皈依佛门，沦为"优伶"。史载：陆羽从幼年开始，直至长成少年，一直生活在寺院中。大约在陆羽9岁时，据《陆文学自传》载：陆羽"自幼学属文"，对文学感兴趣。而收养他的智积大师想让他修佛业，"示以佛书出世之业"。但陆羽的回答是："终鲜兄弟，无复后嗣，染衣削发，号为释氏，使儒者闻之，得称为孝乎？羽将校孔圣之文，可乎？"认为出家修佛业，是不"孝"之事，由于陆羽喜"受孔圣之文"，终不愿学佛书，更不愿皈依佛门，坚持要读儒书，结果是"公执释典不屈，子执儒典不屈"，以致惹恼了积公，罚他"历试贱务，扫寺地，洁僧厕，践泥污墙，负瓦施屋"。以重力代苦役。

据《陆文学自传》载：由于陆羽不愿学佛书，更不愿皈依佛门后，遂罚他服苦役，后又要他"牧牛一百二十蹄"放牧在西湖覆釜洲。由于洲小如覆放着的锅子，年少的陆羽只得赶牛在寺西村放牧。此时的陆羽尽管体魄瘦小，重负不堪忍受。但苦役劳累，仍压不息陆羽强烈的求知欲望，放牧中"学书以竹画牛背为字"。陆羽在放牧时，有时还溜进附近学堂听课。识字不多的陆羽，一次还借了一本张衡的《南都赋》认真阅读。陆羽无心放牧，专心学文之事为寺院发现后，又被禁在寺院劳动。其时，陆羽决心逃离寺院，投奔杂耍戏班。

陆羽因"困倦所役，舍主者而去"，"卷衣"出走，逃离寺院后，在竟陵街头巧遇杂耍戏班。根据《陆羽小传》记载：陆羽离开寺院后，就加入"伶党"戏班，"匿为优人"，即古代以乐舞戏谑为业的艺人，也称"优伶"，相当于当今的滑稽演员。史称，陆羽脾气很倔，容颜不佳，还有个口吃，唯演优人，却演技出色，又善于动脑，使他很快成为一个"伶师"，开始了他的文学创作生活。少年陆羽著《谑谈》三卷，传为佳话。殊不知一个年少的陆羽，"以身为伶正，弄木人、假吏、藏珠之戏"，在未成名前，成为一个出色的艺人。

（3）巧遇名师，遂了读书心愿。约在天宝中（746），河南府尹李齐物，因韦坚犯罪牵连，贬谪竟陵司马。到任不久，李太守邀请当地一些德高望重的长者举行乡礼，为此召集陆羽所在的戏班子献艺助兴。因陆羽演技不凡，演得惟妙惟肖，遂引起了李齐物的注意和赞赏。其时，又闻陆羽好学，文学才华出众。于是，李齐物便召见陆羽。陆羽随即送上《谑谈》三卷，深得李齐物赞许。为此，李氏亲自赠送给他一些诗书，并介绍陆羽去竟陵西北火门山邹坤老夫子处读书，李齐物是第一个发现陆羽才华的伯乐。是年冬，陆羽负笈前往火门山邹夫子处求学，遂了多年来梦寐以求的学文心愿。期间，陆羽还经常与李太守之子李复交往。由于陆羽的这段经历，所以在近代《中国大戏考》中，专门著有"陆羽曾为伶正，著有《谑谈》三卷"一说。

（4）邹夫子是少年陆羽的启蒙老师。邹夫子，即邹坤，可谓是陆羽的启蒙老师。据查，邹坤是一个精通经史的学者，天宝年间隐居在竟陵火门山（今天门市西北 40 里处的石河镇境内）自建的别墅之内。陆羽拜师之后，因倾倒于邹公的学识，潜心读书。攻读之余，仍不忘茶事，常抽空到附近龙尾山考察茶事，为师煮茗，供其品饮。久之，邹公见陆羽爱茶成癖，于是邀来好友帮助他在山下凿泉煮茗。现存火门山南坡有一股长流不断的清泉，就是陆羽当年品茶汲水之处。如此转眼到了天宝十一年(752)，陆羽学识大有长进，但仍不忘习茶之事，为了却陆羽心愿，邹夫子放他回竟陵。于是，陆羽遂千恩万谢拜别老师邹夫子后，回到竟陵城寄居李齐物幕府。

2. 成年后，著书立说，事业卓著 陆羽成年后，拜师结友，调研茶事，使自己学识大有长进，终于写出举世之作《茶经》，成为一代宗师，名留千秋。

（1）崔国辅是陆羽成才的关键人物。陆羽回到竟陵，在寄居李齐物幕府的当年，又一位受株连的京官贬到竟陵，此人乃是当时盛名诗坛的礼部郎中崔国辅。

崔国辅（678—755），山阴人（今浙江绍兴人），唐开元进士，学问渊博，诗名与王昌龄、王之涣齐名，与朝廷重臣王鉄是近亲。天宝十一年(752)，因王鉄之弟王铔犯叛逆罪受株连，已过古稀之年的崔国辅也被朝廷贬官到竟陵作司马，陆羽闻名前往拜师，向崔国辅请教学习。其间，受崔国辅指点熏陶，陆羽诗文造诣更深。两人相处三年，交情甚笃，常常整日品茶汲水，各抒己见，畅所欲言，结成忘年莫逆之交。当崔国辅了解到陆羽无心功名仕途，致力茶学研究的抱负后，甚是赞赏。据《陆文学自传》云：当陆羽与崔国辅分别时，崔特赠陆羽"白驴、乌犎牛各一头，文槐书函一枚"。崔还赋《今别离》诗一首，诗曰：

> 送别未能旋，相望连水口。
>
> 船行欲映洲，几度急摇手。

诗中，对陆羽的惜别之情，深深流露于笔端。

（2）拜别恩师，终于踏上探茶之路。大约在唐天宝十三年（754），陆羽拜别恩师离开竟陵北上，终于专心一致地踏上了探茶之路。出游义阳、巴山、峡州，品尝巴东"真香茗"。后又去宜昌，品茗峡州茶，汲水蛤蟆泉。次年，再回竟陵东冈村小住。

天宝十五年（756），正值"安史之乱"之际，陆羽离开家乡竟陵东冈村后，广游湖北、四川、陕西、贵州、河南、江西、安徽、江苏等地，一路东行，跋山涉水，考察调查茶事，品泉鉴水，探究茶学，并搜集了大量茶事资料。

上元元年（760），抵达湖州妙喜寺，与诗僧皎然结为"忘年之交"，并结识了名僧高士灵澈、孟郊、张志和、李冶（季兰）、刘长卿等，为他日后撰写《茶经》，以及事业的更大成功打下了基础。

期间，陆羽对战乱时期的沿途所见所闻，心中留下了不可磨灭的印象。他的《四悲诗》就是写在"安史之乱"时，一路上慌不择路的情景。诗曰：

> 欲悲天失纲，胡尘蔽上苍。
>
> 欲悲地失常，烽烟纵虎狼。
>
> 欲悲民失所，被驱若犬羊。
>
> 悲盈五湖山失色，梦魂和泪绕西江。

此诗虽落笔于以后的居住地湖州苕溪草堂，但诗中叙述的是"安史之乱"时，民不聊生的景象。

（3）下苏南品泉，上浙北问茶。乾元元年（758）开始，陆羽广游江苏、浙江等地。他先在江苏品丹阳观音寺水，又品扬州大明寺泉，还品庐州龙池山顶水。但终因受战事牵制，陆羽经江苏急转南下，经扬州、润州（镇江）、常州，又南下杭州考察茶事，住灵隐寺与住持达标相识，结为至交，并对天竺、灵隐两寺产茶及茶的品第作了评述。此后，还几度到灵隐寺与达标探讨茶道，并著《天竺、灵隐二寺记》。期间，几度深入越州的剡县（今嵊州、新昌）一带，亲访道士李季兰等茶友。

事后，陆羽还伤感怀情，作《会稽小东山》诗一首，以示铭心。诗曰：

> 月色寒潮入剡溪，青猿叫断绿林西。
>
> 昔人已逐东流去，空见年年江草齐。

期间，陆羽还到浙江余杭苎山暂居。为此，陆羽自称桑苎翁，搜集和调研茶事资料。接着，又移居余杭双溪，发现其地清泉，是品茗佳水。为此，陆羽用此清泉品茗写书做学问，为编著《茶经》搜集素材。于是，后世为纪念陆羽，称此泉为陆羽泉，又称桑苎泉。在余杭《志书》中提及的"唐陆鸿渐隐居苕霅著《茶经》"，说的就是这件事。

（4）应皎然之邀，住进杼山妙喜寺。约在上元元年（760）春、秋之季，应湖州诗僧皎然之邀，来到杼山妙喜寺后，陆羽进深山、采野茶，辛苦万分。所以，在《陆文学自传》中，写有"往往独行野中，诵佛经，吟古诗，杖击林木，手弄流水，夷犹徘徊，自署达暮，至日黑兴尽，号泣而归"之说。对此，高僧灵一就记有一首描写陆羽行状的诗。诗曰：

> 披露深山去，黄昏蟧佛前。
>
> 耕樵皆不类，儒释又两般。

诗中，灵一将陆羽在妙喜寺的行踪，以及陆羽的为人品行，都作了概述性的描述。

进入中年时期的陆羽寓寄杼山妙喜寺，在湖州考察茶事。并经皎然指引，专门来到长兴顾渚山考察茶事，发现"八月坞""茶窠"（丛生茶树的山谷）。与此同时，悉心研究茶业栽制技术，对茶树的种植、生态、品质、采摘，茶叶的制造、工具，煮茶、器皿、饮用等方面，进行了系统的调查研究与实践比较，掌握了茶的基本知识；同时也整理了亲自从各地搜集到的茶事资料。所以，在《陆文学自传》写道："上元初，结庐于苕溪之滨，闭关对书，不杂非类，名僧高士，谈宴永日，常扁舟往来山寺……"特别是陆羽与皎然，两人情趣相投，结为忘年之交，又常在一起品茶论道。在以后的岁月里，平日隐居苕溪之滨的桑苎园苕溪草堂，并常去湖州长兴顾渚山考察紫笋名茶，于是著《顾渚山记》两篇，其中也多处写到茶事。并初步完成《茶经》原始稿三篇。期间，皎然还多次邀陆羽上山品茶。一次，还邀陆羽赏菊。为此，皎然还作诗与陆羽共勉。诗曰：

> 九日山僧院，东篱菊也黄。
>
> 俗人多泛酒，谁解助茶香。

诗中，皎然用赏菊助茶香的情景，与陆羽共勉。

（5）陆羽到江宁栖霞寺，仍不忘调研茶事。上元二年（761），陆羽寄居江宁（今江苏南京市）栖霞寺，潜心研究茶事，调研茶情。在途中，还去江苏丹阳看望了诗人皇甫冉。对此，诗人皇甫冉作《送陆鸿渐栖霞寺采茶》诗为记。诗曰：

> 采茶非采菉，远远上层崖。
>
> 布叶春风暖，盈筐白日斜。
>
> 旧知山寺路，时宿野人家。
>
> 借问王孙草，何时放碗花。

诗中谈到陆羽要攀崖去很远的地方采茶，有时甚至不能回家，还得在农家借宿。

明代的李日华，在他的《六研斋二笔》中也写到陆羽入栖霞山采茶之事，足见陆羽对茶的一往情深。

（6）上扬州品泉，悔恨有加。足迹踏遍浙北和苏南茶区，采集了大量的茶事资料。而苏杭一带，历来是文人墨客云集之地，陆羽在此结识了许多贤达名士，从中又得到了许多素材。

永泰元年（765），吏部侍郎李季卿由河南江淮宣慰使，奉命进江南宣慰。他爱煮茶品茗，到江南扬州时，知"陆君善于茶，盖天下闻名矣"。为此，至江淮时请常伯熊展示煮茶技艺。到江南时，就请陆羽煮茶。唐代封演的《封氏闻见记》载：常伯熊"因鸿渐之论广润之"，为此煮茶时常氏"着黄被衫，乌纱帽"。而陆羽"身披野服，随茶具而入"。对此，李氏心中不乐，心鄙之。为此，陆羽悔恨不已，遂著《毁茶论》。不过后人对此事说法不一，很难定论，终成悬案。

(7) 应邀下常州，力荐紫笋为贡茶。大约在大历元年至大历五年(766—770)，陆羽在长兴"置茶园"，考察茶事期间，应时任常州刺史的李栖筠之邀，到常州考察茶情。此时，陆羽还带去长兴顾渚山茶。对此，《义兴重修茶舍记》有载："前此故御史大夫李栖筠典是邦，僧有献佳茗者，会客尝之。野人陆羽以为芳香甘辣，冠于他境，可荐于上。"正是由于陆羽的推荐，御史的认可，遂使长城（即长兴）顾渚紫笋茶与义兴阳羡茶，作贡朝廷，"始进万两"。以后，由于贡茶数迅速增多，至大历五年，实行"分山析造"，并建贡茶院单独作贡。对此，在《吴兴记》中有载。同年，陆羽著《顾渚山记》两篇，其中有许多篇幅，"多言茶事"。

(8) 建苕溪草堂，结束无定居生活。大历四年(769)，在好友皎然支持下，新建在苕溪霅水旁的"苕溪草堂"终于竣工。陆羽终于第一次结束了居无定所的生活，有了一个可以较为安定地整理资料，专心可供写作的场所。为此，皎然作诗《苕溪草堂自大历三年夏新营泊秋及春》，以作纪念。

以后，皎然又多次去苕溪草堂会晤好友陆羽。皎然诗《寻陆鸿渐不遇》就是例证。诗曰：

> 移家虽带郭，野径入桑麻。
>
> 近竹篱边菊，秋来未著花。
>
> 扣门无犬吠，欲去问西家。
>
> 报道山中去，归时每日斜。

诗中，表达了皎然去访问陆羽，因陆羽不在家，只得去问邻居，方知陆羽去深山问茶，要"日斜"才归。

(9) 深居青塘别业，埋头做学问。陆羽好友、诗才耿湋《联句多暇赠陆三山人》云："一生为墨客，几世作茶仙"中，就可知在大历年间，陆羽已是名声雀跃。但陆羽并不满足，接着，陆羽移居湖州青塘别业后，进一步专心致志研究茶学，审订《茶经》，继续寻究茶事，充实内容。

大历七年（772），颜真卿自抚州刺史出任湖州刺史。次年，陆羽、皎然等参加由颜真卿为盟主的"唱和集团"，多次与诸多友人，在湖州杼山、岘山、竹山潭等地，举行茶会，探讨茶学，作诗联句。诸如颜真卿、陆羽、皇甫曾、李萼、皎然、陆士修的《三言喜皇甫曾侍御见过南楼玩月联句》，颜真卿、皇甫曾、李萼、陆羽、皎然的《七言重联句》等，就是例证。

（10）建三癸亭，与知己品茗吟诗。陆羽与湖州刺史颜真卿、诗僧皎然，交往甚笃，经常聚会，品茗吟诗作歌。为此，颜真卿于大历八年（773）十月，在湖州市郊建三癸亭，作为好友间的品茗聚会之处。茶圣陆羽以癸丑岁、癸卯朔、癸亥日建，赐名三癸亭。诗僧皎然在《奉和颜使君真卿与陆处士羽登妙喜寺三癸亭》诗题注中，也说："亭即陆生所创。"三癸亭落成后，颜真卿作《题杼山癸亭得暮字》诗曰："欻构三癸亭，实为陆生故。"三癸亭建成后，三人又以诗颂之。颜真卿诗云："不越方丈间，居然云霄遇。巍峨倚修岫，旷望临古渡。左右苔石攒，低昂桂枝蠹，山僧狎猿狖，巢鸟来积棋。"皎然诗曰："俯砌披水容，逼天扫峰翠。境新耳目换，物远风烟异。倚石忘世情，援云得真意。嘉林增勿剪，禅侣欣可庇。"清康熙年间湖州知府吴绮到过杼山，作有《游三癸亭》诗。诗曰：

> 望岭陟岩峣，沿溪入葱蒨。
>
> 遂至夏王村，复越黄蘗涧。
>
> 三癸溯遗迹，登高足忘倦。
>
> 清流绕芳原，晴阳叠层巘。

其实，三癸亭是陆羽彪炳千秋功业的见证，也是陆羽与颜真卿、皎然深厚友谊的象征，是茶文化发展史上的一座丰碑。

（11）置茶园于顾渚山，补充与修订《茶经》。陆羽在顾渚山考察时，为了探究茶树生长习性和采制技术，约在大历九年（774）前，还"置茶园"于顾渚山。这可在耿湋与陆羽的《联句诗》"禁门闻曙漏，顾渚入晨烟"中得印证。其意是说天刚亮，陆羽就踏着晨雾去采茶了。明代长兴知县游士任《登顾渚山记》中亦有："癖焉而园其下者，桑苎翁也。"说在顾渚山开辟茶园的是桑苎翁陆羽。以后，清代前后有几部《长兴县志》，都谈到陆羽在顾渚山"置茶园"之事。而陆羽《茶经·一之源》中，对茶园土壤、茶树生长、茶叶质量的精到评述，也正好符合顾渚山古茶园的写照。甚至连顾渚山紫笋茶名称，也出自"阳崖阴林，紫者上，笋者上"而得名。为此，陆羽最终在《茶经·八之出》中得出："浙西以湖州为上，湖州生长城（即今长兴）顾渚山谷……"先后提到长兴顾渚山的产茶地名有 10 余个，至今犹存。

（12）倾注 40 多年心血，终使《茶经》闻世。大历九年（774），陆羽参加了颜真卿的《韵海镜源》的编写工作，使陆羽有幸博览群书，从中辑录了古籍中大量有关古代茶事历史资料。于是从大历十年（775）开始，陆羽在《茶经》中充实了大量茶的历史资料，又增加了一些茶事内容，大约于建中元年（780），《茶经》刻印成书，正式闻世。这样，从陆羽从寺院长大，到六七岁跟积公学习烹茶开始，到陆羽约 48 岁《茶经》闻世为止，共倾注了 40 多年的心血，才得以完成了世界上第一部举世瞩目的《茶经》著作，广为传抄。

（13）去上饶开山种茶，挖井灌浇。陆羽《茶经》问世后，建中二年（781），朝廷诏拜陆羽为"太子文学"，不就。接着，改任"太常寺太祝"，又不从命。大约于建中四年（783），陆羽从浙江湖州苕溪来到信州上饶城西北的茶山旁建宅立舍，凿井开泉，种植茶树，灌溉茶园，品泉试茗，在此隐居下来。据清道光六年（1826）《上饶县志》载："陆鸿渐宅，在府城西北茶山广教寺。昔唐陆羽尝居此……《图经》：羽性嗜茶，环居有茶园数亩，陆羽泉一勺，今为茶山寺。"陆羽性嗜茶，环居多植茶，名为茶山，又将广教寺称为茶山寺。对此，历代志书和名家诗文广有记载。清代的张有誉《重修茶山寺记》中说："信州城北数武岿然而峙者，茶山也。山下有泉，色白味甘，陆鸿渐先生隐于尝品斯泉为天下第四，因号陆羽泉。"于是，此泉又有"天下第四泉"之称。特别是古代佚名作者为上饶陆羽泉题写的一副泉联，更为人称道，曰："一卷经文，苕霅溪边证慧业；千秋祀典，旗枪风里弄神灵。"它既道出了陆氏为茶学、茶文化、茶业作出的卓越贡献，也说出了世人对陆氏业绩的敬仰之情。直到20世纪60年代，陆羽泉仍保存完好。可惜，后因开挖洞穴，泉流切断，井水干竭，遂使陆羽泉成为一口枯井。不过清代信州知府段大诚所题的"源流清洁"四个大字，依然清晰可辨。近年来，后人又在泉旁建了亭，以纪念和凭吊陆羽用它灌浇茶园、品泉试茗业绩。

（14）结交孟郊，居洪州编诗，去广州辅佐。贞元元年（785），陆羽与诗人孟郊在信州茶山相会。事后孟郊在追忆诗《题陆鸿渐上饶新辟茶山》中称：

> 惊彼武陵状，移居此岩边。
>
> 开亭如贮云，凿石先得泉。
>
> 啸竹引清吹，吟花成新篇。
>
> 乃知高洁情，摆脱区中缘。

孟郊的这首诗，是写诗人去陆羽在上饶茶山住宅相会时的情景。诗中，孟郊说陆羽在上饶时的生活情况，俨然是一副庄稼人模样：开亭、凿泉、啸竹，已成为了"摆脱区中缘"，成了一位摆脱凡尘的隐君子。

次年，陆羽应洪州（今南昌）御史肖喻之邀，寓居洪州玉芝观，并编就《陆羽移居洪州玉芝观诗》一辑。3年后，又应岭南节度使、李齐物之子李复之邀，去广州辅佐李复。第二年，重又辞归洪州玉芝观。

3. 晚年期间，虽贫病交加，仍不忘与茶结伴 晚年，陆羽继续考察茶事，并身体力行，种茶制茶，试水品茗，调研茶事，考察茶情，终生与茶结缘。

（1）返回青塘别业，闭门著述。贞元八年（792），陆羽从洪州返回湖州青塘别业，丰富的学识，不同凡响的经历，促使他悠闲品茗，闭门著述，潜心写作。为此，他花大力气整理资料，先后花了两三年时间，著就《吴兴历官记》三卷、《湖州刺史记》一卷。

（2）虎丘种茶小隐，如今古井犹存。贞元十年（794），陆羽从湖州移居苏州虎丘寺。在虎丘汲水品茗，调研茶事，并亲自在虎丘山上的剑池附近，地处千人岩的右侧，冷香阁之北开凿井泉，用它煮水试茗。同时，还在井泉外开山植茶，汲泉灌浇，使种茶成为一业。以后，陆羽又按自己经历所至，定"苏州虎丘寺石泉水，第五"。后人为纪念陆羽对茶学所做出的贡献，把陆羽亲手开凿的虎丘石泉，称之为陆羽泉或陆羽井。而与陆羽同时代的刘伯刍，根据他的经历，说"苏州虎丘寺石泉水，第三"。于是，人间又称苏州虎丘山石泉为"天下第三泉"。如今，在石泉南侧的冷香阁，开有茶室，坐在虎丘山上，汲石泉之茶沏茶，品茗小憩，观景揽色，别有一番风情。在石泉附近，除了上述提到的古迹外，还有虎丘塔、阖闾墓、二仙亭等景点。加之四周绿树荫，奇石突兀，清溪曲径，如此构成了一幅美妙的山水画卷。

(3) 功成身退，归宿湖州。贞元十五年（799），岁值陆羽晚年，因他怀念湖州，重回青塘别业。最终在陆羽的第二故乡湖州，在他的知己、诗僧皎然圆寂几年后，于贞元二十年（804），告老于青塘别业，葬于杼山，与皎然塔近距相望。一代茶文化宗师，就此结束了生命。

三、陆羽生平年表，勾画出他不平凡的一生

约在唐玄宗开元二十一年（733），陆羽生于竟陵（今湖北天门市）。

开元二十三年（735），3岁。由竟陵龙盖寺智积禅师收养。

开元二十九年（741），9岁。陆羽欲学儒典，不好学佛，为此，受到种种不应有虐待。

天宝四年（745），13岁前后，陆羽逃出寺院，成为"伶人"。

天宝五年（746），14岁。其时，河南尹李齐物出守竟陵，见陆羽聪颖优异，遂亲授书集，使陆羽受益匪浅。李齐物是第一个发现陆羽才华横溢的恩人。

天宝十一年（752），20岁。这年，崔公国辅出守竟陵郡，与陆羽结交，相处约3年。期间，陆羽受崔公熏陶指点，诗文造诣日深。临别时，

崔公赠给陆羽白驴、乌犎牛一头，文槐书函一枚，鞭策与鼓励陆羽，使陆羽学业有成。崔国辅是第二个培养陆羽的恩师。

天宝十三年（754）春，22岁。陆羽拜别崔国辅，出游义阳、巴山、峡州，品尝巴东"真香茗"；后转道宜昌，品峡州茶和蛤蟆泉，去各处实地调研茶事。

天宝十四年（755），23岁。陆羽回到竟陵，定居晴滩驿松石湖畔的东冈村，整理调研所得，为出版《茶经》作准备。

天宝十五年（756），24岁。安禄山作乱中原，为《四悲诗》。"洎至德初，秦人过江，子亦过江，与吴兴释皎然为缁素忘年之交。"相处甚笃。

上元元年（760），28岁。陆羽抵达湖州，与皎然、灵彻三人同居杼山妙喜寺。并结庐于苕溪之滨，闭关对书，不杂非类，名僧高士，谈宴永日，常扁舟往来山寺。是年11月，刘展反，陷润州（今镇江），张景超据苏州，孙待封进陷湖州。陆羽受战乱波及，作《天之未明赋》。

上元二年（761），29岁。正月，田神功平定刘展之乱，纵军大掠十余日，江淮之民罹荼毒。是年，陆羽作《自传》，称"陆子自传"。后又写有作品有八种：《君臣契》、《源解》、《江表四姓谱》、《南北人物志》、《吴兴历官记》、《湖州刺史记》、《梦占》、《茶经》（初稿）。

同年，陆羽到江宁栖霞寺（今南京东北），途经阳羡（今宜兴）看望诗人皇甫冉。

广德元年（763），31岁。陆羽、皎然、吴兴太守卢幼平等7人泛舟联句。

永泰元年（765），33岁。吏部侍郎李季卿充河南江淮宣慰，至临淮请常伯熊展示茶艺，极表欣赏；至江南，有人推荐陆羽展示，心鄙之。陆羽悔恨，著《毁茶论》，不传。是年，殿中侍御史李栖筠出为常州刺史。

永泰二年、大历元年（766），34岁。应常州刺史李栖筠之邀，陆羽到义兴考察茶叶。据《义兴重修茶舍记》载："前此故御史大夫李栖筠典是邦，僧有献佳茗者，会客尝之，野人陆羽以为芳香甘辣，冠于他境，可荐于上。栖筠从之，始进万两。""僧有献佳茗者"，献的是顾渚山的茶，后与阳羡茶同贡，始进万两。陆羽遂在顾渚山区作深入的考察。至大历五年这四年里，陆羽还先后到丹阳访皇甫冉和赴越州投访鲍防。

大历四年（769）春，37岁。新建的苕溪草堂竣工。皎然作《苕溪草堂自大历三年夏新营泊秋及春》。

大历五年（770），38岁。陆羽作《顾渚山记》两篇，多言茶事。是年，杨绾徙国子监祭酒，陆羽致"杨祭酒书"。同年，顾渚紫笋茶与宜兴分山析造，岁有客额，建贡茶院单独作贡。

大历七年（772），40岁。颜真卿任湖州刺史。

大历八年（773），正月，41岁。颜公到任，张志和往谒，陆羽参加湖州"唱和集团"，以颜真卿为盟主，有三十多位文人，先后在杼山、岘山、长兴筱浦竹山潭，举行茶会，作诗联句。

大历九年（774），42岁。颜真卿主编《韵海镜源》360卷，陆羽为编纂之一。是年，颜真卿、陆羽等十九名士，会聚长兴竹山潭潘子读书堂，作诗联句。

大历十年（775），43岁。陆羽参与编纂《韵海镜源》，在掌握资料的基础上，对《茶经》进行一次大的修改补充。

大历十二年（777），45岁。陆羽与友人送颜真卿离任返京。后到婺州东阳访戴叔伦，至冬回湖州。是年，杨绾为相，颜真卿入京为刑部尚书。

大历十三年（778），46岁。迁居无锡，结识权德舆，畅游惠山。

德宗建中元年（780），48岁。在皎然支持下，《茶经》修改定稿，广为传抄。

建中二年（781），49岁。诏拜"太子文学"不就；改任"太常寺太祝"，复不从命。

约建中四年（783），51岁。移居上饶，建宅筑亭，环居植茶栽竹，于兴元元年（784）落成，称"鸿渐宅"。

贞元元年（785），53岁。诗人孟郊在上饶与陆羽相会。

贞元二年（786），54岁。陆羽应洪州御史肖瑜之邀，寓洪州玉之观。

翌年，编成《陆羽移居洪州玉之观诗》一辑，权德舆为之序。

贞元四年（788），56 岁。戴叔伦因事留洪州，与陆羽交游。

贞元五年（789），57 岁。应岭南节度使李复（李齐物之子）之邀，去广州。结识判官周愿，共佐李复。次年辞归洪州，仍居玉之观。

贞元八年（792），60 岁。于洪州返回湖州青塘别业，闭门著书。著有《吴兴历官记》三卷、《湖州刺史》一卷。

贞元十年（794），62 岁。移居苏州，在虎丘山北结庐，后称"陆羽楼"，凿一岩井，引水种茶，著《泉品》一卷。

贞元十五年（799），67 岁。怀念湖州，回青塘别业，度过晚年，于贞元二十年（804）辞世，终年 72 岁。

四、陆羽功绩，永驻人间，彪炳千秋

陆羽功绩，莫过于撰著了世界上第一部集自然科学和社会文化于一体的茶事专著《茶经》，其实陆羽一生的重大贡献，有茶学方面的，还有文学等其他诸多方面的，只是由于对茶和茶文化方面的贡献盖世，才使得陆羽在其他方面做出的贡献为其所掩而已。

1. **茶圣永驻人间**　由于陆羽为茶及茶文化事业做出的杰出贡献，深受人民赞颂。在中国茶学史上，有称陆羽为茶仙的。如元代文人辛文房，在他写的《唐才子传·陆羽》中写道："（陆）羽嗜茶，著《茶经》三卷……时号茶仙"；同样称陆羽为茶神的也有之，《新唐书·陆羽传》记有："羽嗜茶，著经三篇，言之源、之法、之具尤备，天下益知饮茶矣。时鬻茶者，至陶羽形置炀突间，祀为茶神。"宋代苏轼在《次韵江晦叔兼呈器之》诗中，有"归来又见茶颠陆"之句。明代的程用宾，在《茶录》称："陆羽嗜茶，人称之为茶颠。"他们都赞誉陆羽对茶孜孜不倦，追求事业的精神。清同治《庐山志》中，又将陆羽隐居苕溪，"阖门著书，或独行野中，击木诵诗，徘徊不得意，辄恸哭而归，时谓唐之接舆"。宋代的陶谷在《清异录》中称："杨粹仲曰，茶至珍，盖未离乎草也。草中之甘，无出茶上者。宜追目陆氏为甘草癖。"其实，亦为茶癖之意。不过，还有人称陆羽为"茶博士"的，但陆羽拒绝接受这一称谓。据唐代封演的《封氏闻见记》载：称御史李季卿宜慰江南，至熙淮县馆，闻伯熊精于茶事，遂请其至馆讲演。后闻陆羽亦能茶，亦请之。陆羽"身衣野服"，李季卿不悦，煎茶一完，就"命奴取钱三十文，酬煎茶博士（陆羽）。"陆羽受此大辱，愤然离去，遂写《毁茶论》，为后人留下了一个谜团，至今仍无定论。近代，有更多的人称陆羽为"茶圣"的。

2. 陆羽"书皆不传，盖为《茶经》所掩" 如今，人们多知陆羽是茶及茶文学创始者，其实他还是一位文学家、史学家、地理学家。特别值得一提的，陆羽还是一位书法家。《中国书法大辞典》就将陆羽列入唐代书法家之列。该辞典援引唐代陆广微《吴地记》云："陆鸿渐善书，尝书永定寺额，著《怀素别传》。"陆羽为以狂草著称。他所作《怀素别传》，已成为列代书法家一评价怀素、张旭、颜真卿等书法艺术的珍贵资料。

从陆羽的主要经历来看，他虽与佛门相关，但把他视为一个文人，更符合陆羽的追求和努力。陆羽知识渊博，著作颇丰，精通诗文，懂得地理，但后人多知道陆羽是茶圣，是世间第一部茶学经典著作《茶经》的作者。这种情况的出现正如古书所云：他"书皆不传，盖为《茶经》所掩"之故。宋人费衮在《梁溪漫志》中说："人不可偏有所好，往往为所嗜好掩其所长。如陆鸿渐，本唐之文人达士，特以好茶，人止称其能品泉别茶尔。"书中，明确称陆羽是："文人达士"，因他在茶叶事业上做出了杰出贡献，以致掩盖了陆羽在其他方面的成就，这是对陆羽精当的总结和评价。

3. 撰写《顾渚山记》等多部著述 陆羽自"结庐于苕溪之滨"后，虽多次北上、南下，调研茶事，考察茶事。但在永泰元年（765）至大历四年（769）间，较多时间在顾渚山调研和考察茶叶。在此"尝置茶园"，撰写《顾渚山记》两篇。

如今，《顾渚山记》虽然已佚，但人们还可从唐代诗人皮日休的《茶中杂咏》序中找到它的踪迹。序曰："自周以降，及于国朝（指唐）茶事。竟陵子陆季疵言之详矣。然季疵以前，称敬饮者，必浑以烹之，与夫瀹蔬而啜者无异也。季疵始为三卷《茶经》，由是分其源，制其具，教其造，设其器，命其煮饮之者，除痼而疠去，虽疾医之，不若也。其为利也，于人岂小哉！余始得季疵书，以为备矣。后又获其《顾渚山记》二篇，其中多茶事。"皮日休认为，从周至唐，有关论述茶事的著述，要数陆羽的《茶经》最为详尽。还说，陆羽的《茶经》初始时为三卷，分其源、具、造、器、煮、饮六个方面，强调饮茶对于防病治病的重要性。皮氏得到过一本，用以备用。后来，又获得陆羽著的《顾渚山记》二篇，其中"多茶事"。

 ### 附：《顾渚山记》（系旧志辑录片段）

获神茗

《神异记》曰，余姚人虞洪（洪），人山采茗。遇一道士，牵三百青羊，饮瀑布水。曰："吾丹丘子也。闻子善饮，常思惠。山中有大茗，可以相给。祈子他日有瓯牺之余，必相遗也。"因立茶祠。后常与人往山，获大茗焉。

飨茗获报

刘敬叔《异苑》曰，剡县陈务妻，少与二子寡居，好饮茶茗。以宅中有古冢，每饮先辄祀之。二子患之曰："冢何知？徒以劳祀。"欲掘去之。母苦禁而止。及夜，母梦一人曰："吾止此冢三百余年。母二子恒欲见毁，赖相保护，又享吾佳茗，虽泉壤朽骨，岂忘翳桑之报？"及晓，于庭内获钱十万，似久埋者，唯贯新。母告二子，二子惭之，从是祷酬愈至。

绿蛇

顾渚山赭石洞，有绿蛇，长三尺余，大类小指，好栖树杪。视之若鞶带，终于柯叶间，无螫毒，见人则空中飞。

报春鸟

顾渚山中有鸟，如鸲鹆而小，苍黄色。每至正月、二月，作声云："春去也。"采茶人呼为报春鸟。

昙济茶

豫章王子尚，访昙济道人于八公山。道人设茗。子尚味之云："此甘露也，言何茶名？"

（摘自：谢文柏，《顾渚山志》，浙江古籍出版社，2007年5月）

此外，陆羽还撰写过多部文学作品，详见《陆文学自传》。

4. 写就《陆文学自传》

自"安史之乱"之际，陆羽离开竟陵东冈村，一路东下，于上元元年(760)年抵达浙江湖州。是年11月，宋州刺史刘展谋反，攻陷润州（今江苏镇江），接着又攻陷金陵（今江苏南京）。差不多在同一时期，苏州为张景超占据，湖州为孙待封占领，江南武装割据。次年1月，刘展遂为为田神功平定。苏州、湖州相继收复。但由于社会动乱不安，"江淮之民罹荼毒"。于是，陆羽闭门著书。是年，陆羽作《自传》，又称《陆子自传》，后人称其为《陆文学自传》。

附：《陆文学自传》

陆子名羽，字鸿渐，不知何许人也；或云字羽，名鸿渐，未知孰是。有仲宣、孟阳之貌陋，相如、子云之口吃，而为人才辩笃信，褊躁多自用意。朋友规谏，豁然不惑。凡有人宴处，意有所适，不言而去。人或疑之，胃多生膜。及与人为信，虽冰雪千里，虎狼当道，而不愆也。

上元初，结庐于苕溪之滨，闭关对书，不杂非类，名僧高士谈宴永日。常扁舟往来山寺，随身惟纱巾、藤鞋、短褐、犊鼻。往往独行野中，诵佛经，吟古诗，杖击林木，手弄流水，夷犹徘徊，自曙达暮，至日黑兴尽，号泣而归。故楚人相谓："陆子盖今之接舆也。"

始三岁，悖露，育于竟陵大师积公之禅院。自幼学属文，积公示以佛书出世之业。子答曰："终鲜兄弟，无复后嗣，染衣削发，号为释氏，使儒者闻之，得称为孝乎？羽将授孔圣之文，可乎？"公曰："善哉，子为孝！殊不知西方染孝之道，其名大矣。"公执释典不屈，子执儒典不屈。公因矫怜无爱，历试贱务。扫寺地，洁僧厕，践泥污墙，负瓦施屋，牧牛一百二十蹄。竟陵西湖无纸，学书以竹画牛背为字。他日问字于学者，得张衡《南都赋》，不识其字，但于牧所仿青衿小儿，危坐展卷，口动而已。公知之，恐渐渍外典，去道日旷，又束于寺中，令其芟剪榛莽，以门人之伯主焉。或时心记文字，懵然若有所遗，灰心木立，过日不作。主者以为慵惰，鞭之。因叹岁月往矣，恐不知其书，呜咽不自胜。主者蓄怒，又鞭其背，折其楚乃释。困倦所役，舍主者而去，卷衣指伶党。著《谑谈》三篇，以身为伶正，弄木人、假吏、藏珠之戏。公追之曰："念尔道丧，惜哉！吾本师有言，我弟子十二时中，许一时外学，令降服外道也。以我门人众多，今从尔所欲，可捐乐工书。"

天宝中，郢人酺于沧浪道，邑吏召子为伶正之师。时河南尹李公齐物出守见异，捉手拊背，亲授诗集。于是汉沔之俗亦异焉。后负书于火门山邹夫子别墅，属吏部郎中崔公国辅出守竟陵郡，与之游处，凡三年。赠白驴、乌犎牛一头，文槐书函一枚。白驴、乌犎襄阳太原守李憕见遗，文槐函故卢黄门侍郎所与。此物皆己之所惜也，宜野人乘蓄，故特以相赠。

洎至德初，秦人过江，子也过江，与吴兴释皎然为淄素忘年之交。少好属文，多所讽谕。见人为善，若己有之；见人不善，若己羞之。苦言逆耳，无所回避。由是俗人多忌之。自禄山乱中原，为《四悲集》；刘展窥江南，作《天之未明赋》，皆见感激当时，行哭涕泗。著《君臣契》三卷，《源解》三十卷，《江表四姓谱》八卷，《南北人物志》十卷，《吴兴历官记》三卷，《湖州刺史记》一卷，《茶经》三卷，《占梦》上中下三卷，并贮于褐布囊。

在《自传》中，人们不但从陆羽平凡生活中领略了他不平凡的一生，而且更使人们了解了陆羽的处世和处事，使人们更加敬佩陆羽，更加了解陆羽。

5. 陆羽在文学、诗书、艺术方面的成就 其实，陆羽除在茶及茶文化方面有过举世瞩目的贡献外，还在文学方面取得了巨大成就。他的主要作品，除上述提及的著作外，还在诗书、艺术方面有杰出表现。对此，人们可以从陆羽与好友、唐"十大才子"之一耿湋的《联句多暇赠陆三山人》诗中找到答案。诗曰：

> 一生为墨客，几世作茶仙。（湋）
>
> 喜是攀阑者，惭非负鼎贤。（羽）
>
> 禁门闻曙漏，顾渚入晨烟。（湋）
>
> 拜井孤城里，携笼万壑前。（羽）
>
> 闲喧悲异趣，语默取同年。（湋）
>
> 历落惊相偶，衰羸猥见怜。（羽）
>
> 诗书闻讲诵，文雅接兰荃。（湋）
>
> 未敢重芳席，焉能弄彩笺。（羽）
>
> 黑池流研水，径石涩苔钱。（湋）
>
> 何事亲香案，无端狎钓船。（羽）
>
> 野中求逸礼，江上访遗编。（湋）
>
> 莫发搜歌意，予心或不然。（羽）

耿湋，字洪源，河东人。宝应进士，官居右拾遗，为"大历十才子"之一，是陆羽至交。他的诗作，虽不深琢削，但风格自胜。在这首诗中，不但肯定了陆羽在茶学方面的贡献，而且也肯定了陆羽在文学、艺术、书法等方面的成就。

　　总之，陆羽是茶及茶文化事业的开创者。其建立的学说，提出的观点，影响着茶及茶文化史的形成与发展，至今影响深远。其实，陆羽所取得的伟大业绩，还远不止在茶及文化方面，还表现在其他许多方面，只不过"盖为《茶经》所掩"而已。

　　姚国坤　中国农业科学院茶叶研究所研究员。主要著作《茶文化概论》(浙江摄影出版社，2004 年)、《图说世界茶文化》(主编，中国文史出版社，2012 年)、《中国名优茶典图》(上海文化出版社，2013 年) 等。

陆羽《茶经》的发生学研究
——隐逸与茶

浙江农林大学茶文化学院　关剑平

一、问题的提起

　　纵观陆羽（733—804）一生，当过俳优，写过剧本，出入幕府，留下诗名，应征出仕，评论书法，可谓多才多艺，阅历丰富。在 29 岁时已经完成了《君臣契》三卷，《源解》三十卷，《江表四姓谱》十卷，《南北人物志》十卷，《吴兴历官记》三卷，《湖州刺史记》一卷，《茶经》三卷，《占梦》三卷，[①]《新唐书·艺文志》丙部子录第十五类书类还收录了陆羽《警年》十卷。[②] 此外，他还参加了颜真卿主持的《韵海镜源》的编撰。可见他不仅文名早成，而且著作丰赡。时人对他的评价或可从耿湋的赞美中看出来：

> 一生为墨客，几世作茶仙。（湋）
>
> 喜是攀阑者，惭非负鼎贤。（羽）
>
> 禁门闻曙漏，顾渚入晨烟。（湋）
>
> 拜井孤城里，携笼万壑前。（羽）
>
> 闲喧悲异趣，语默取同年。（湋）
>
> 历落惊相偶，衰羸猥见怜。（羽）
>
> 诗书闻讲诵，文雅接兰荃。（湋）
>
> 未敢重芳席，焉能弄彩笺。（羽）

---

① 宋代李昉等《文苑英华》卷七九三《陆文学自传》。
② 宋代欧阳修《新唐书》卷五十九《艺文志》。

　　黑池流研水，径石涩苔钱。（漳）

　　何事亲香案，无端狎钓船。（羽）

　　野中求逸礼，江上访遗编。（漳）

　　莫发搜歌意，予心或不然。（羽）①

　　耿湋在这首与陆羽合作创作的《连句多暇赠陆三山人》中首先确认了陆羽最根本的文人身份，之后进一步强调的是陆羽在茶界的地位。事实上，陆羽最被认可的还是《茶经》及其相关工作，而《茶经》以外的著作均早已失传。在后世的评价中梅尧臣的《次韵和永叔尝新茶杂言》颇具典型性：

　　自从陆羽生人间，人间相学事春茶。

　　当时采摘未甚盛，或有高士烧竹煮泉为世夸。

　　入山乘露掇嫩嘴，林下不畏虎与蛇。②

　　诗中高度评价了陆羽在普及饮茶中的地位，强调了他作为"高士"引领饮茶风尚的巨大作用。

　　从确认陆羽的基本属性和茶在唐代社会的定位出发，研究陆羽与茶的内在关系，探讨才华横溢的陆羽为什么会对茶情有独钟并撰写《茶经》。

二、隐逸陆羽

　　陆羽虽然阅历丰富，但是隐逸应该是他的基本属性。何谓隐逸，《后汉书·逸民列传》有一个比较经典的解释：

　　《易》称"《遯》之时义大矣哉"。又曰："不事王侯，高尚其事。"是以尧称则天，不屈颍阳之高；武尽美矣，终全孤竹之洁。自兹以降，风流弥繁，长往之轨未殊，而感致之数匪一。或隐居以求其志，或曲避以全其道，或静己以镇其躁，或去危以图其

① 《全唐诗》卷七百八十九《联句》。
② 宋代梅尧臣《宛陵集》卷五十六。

安，或垢俗以动其概，或疵物以激其清。然观其甘心畎亩之中，

憔悴江海之上，岂必亲鱼鸟，乐林草哉，亦云性分所至而已。①

自《后汉书》为隐逸立传以来，历代史家多延其例，尽管所使用的名称不一而足，如《南齐书》为"高逸"，《梁书》为"处士"，《魏书》则为"逸士"，应该说这些名称都是隐逸的异称别名。

首先在研究中强调陆羽隐士身份的学者是高桥忠彦教授。他在研究唐诗所反映的茶文化时发现："从同时代的诗人伙伴那里，与茶人相比，陆羽更多地被视为隐者。"进而分析"这或许是因为他没有终生事茶，就像《封氏闻见记》所说的，他晚年曾排斥茶。"②尽管高桥教授的原因分析尚有进一步商榷的余地，但是他所指出的陆羽身份特征却与历史上的认识完全一致。下面就看看作为隐士的陆羽。

1. 陆羽时代对于陆羽的身份认识　皎然因为年长十来岁，被陆羽视为"缁素忘年之交"。在密切的交往中，皎然留下了七首与陆羽相关的诗，是与陆羽应酬最多的诗人。除了《赋得夜雨滴空阶送陆羽归龙山》和《寻陆鸿渐不遇》以名字相称，《五言访陆处士羽》、《五言奉和颜使君真卿与陆处士羽登妙喜寺三癸亭亭即陆生所创》、《五言喜义兴权明府自君山至集陆处士羽青塘别业》、《五言同李侍御萼李判官集陆处士羽新宅》、《七言春夜集陆处士玩月》、《杂言往丹阳寻陆处士不遇》、《五言九日与陆处士羽饮茶》和《五言泛长城东溪暝宿崇光寺寄处士陆羽联句》等八首均称之为"处士"，③就是说在陆羽最密切的友人皎然看来，陆羽是一位隐士。即便在没有使用"处士"标签的《五言寻陆鸿渐不遇》中，仍然充满了隐逸的要素：

> 移家虽带郭，野径入桑麻。
> 近种篱边菊，秋来未着花。

---

① 南朝宋范晔《后汉书》卷一百一十三《逸民列传》。
② 高桥忠彦《从唐诗看唐代的茶与佛教》，关剑平主编《禅茶：历史与现实》，浙江大学出版社，2010年，第48页。
③ 这些诗见唐代释皎然《杼山集》。

扣门无犬吠，欲去问西家。

报导山中去，归时每日斜。①

与城外田野小径等的环境相比，与中国隐逸的象征人物陶渊明共同的爱好——篱边菊，更暗示了皎然对于陆羽作为隐士的高度评价。

陆羽作为隐士而被社会认可的时间相当早，据《陆文学自传》：

天宝（742—756）中，郢人酺于沧浪，邑吏召子为伶正之师。时河南尹李公齐物黜守，见异，提手抚背，亲授诗集，于是汉沔之俗亦异焉。后负书于火门山邹夫子墅，属礼部郎中崔公国辅出守竟陵，因与之游处，凡三年。赠白驴乌犎牛一头，文槐书函一枚。白驴犎牛，襄阳太守李憕见遗；文槐函，故卢黄门侍郎所与。此物皆已之所惜也，宜野人乘畜，故特以相赠。②

崔国辅坐王鉷近亲，于天宝十一年（752）贬竟陵郡司马，此时的陆羽经过李齐物、邹夫子的指点，文学修养更有长进，成为崔国辅的交游对象。3年后，崔国辅要离开竟陵时，把自己珍惜的白驴犎牛赠送给了陆羽，理由是它们"宜野人乘畜"，这里的野人是隐逸的别称，而此时的陆羽才22岁。

不过隐逸身份带给陆羽的并不都是正面的效果。《封氏闻见记》中就记载了一个令陆羽十分不悦的事件：

楚人陆鸿渐为《茶论》，说茶之功效并煎茶、炙茶之法。造茶具二十四事，以都统笼贮之，远近倾慕，好事者家藏一副。有常伯熊者，又因鸿渐之论广润色之，于是茶道大行，王公朝士无不饮者。御史大夫李季卿宣慰江南，至临淮（今安徽泗县东南）县馆，或言伯熊善茶者，李公请为之。伯熊著黄被衫、乌纱帽，手执茶器，口通茶名，区分指点，左右刮目。茶熟，李公为啜两杯而止。既到江外，又言鸿渐能茶者，李公复请为之。鸿渐身衣野服，随茶具而入。既坐，教摊如伯熊故事，李公心鄙之。茶

---

① 《杼山集》卷一。
② 《文苑英华》卷七九三《陆文学自传》。

毕，命奴子取钱三十文，酬茶博士。鸿渐游介通狎胜流，及此羞愧，复著《毁茶论》。①

广德二年（764），李季卿宣慰江南，当时陆羽恰好寓居丹阳。李季卿对于茶颇感兴趣，沿途延请名家为他展示茶艺。在江北，他请了常伯熊，到了江南又请了陆羽。他并不知道常伯熊是陆羽茶文化的实践者和改造者，以自己的观看顺序作为他们的茶艺的关系，再根据服装和茶艺程式，判断陆羽是"剽窃者"，进而羞辱了陆羽。既然常伯熊是陆羽茶艺的演绎者，尽管他的茶艺有更强的观赏性和更完美的展示方式，但是基本程式与陆羽大同小异也是自然而然的事情。剩下的是服装的问题。常伯熊的穿戴非常考究，而陆羽则是"身衣野服"，作者封演把他们的服饰作为一个至关重要的对立性要素来描写，就是说服饰在这个事件中具有非常重要的意义。即便封演的分析并不准确，就是说这不见得一定是李季卿的认识，那也是封演的认识，在一定程度上反映了唐代人的服饰意识。

野服就是平民的服装。《礼记·郊特牲》云："大罗氏，天子掌鸟兽者也，诸侯贡属焉。草笠而至，尊野服也。"孔颖达疏曰："尊野服也者，草笠是野人之服。今岁终功成，是由野人而得，故重其事而尊其服。"田野村夫服装的野服在天子的朝廷上成了大罗氏强调自己身份的符号，成了体现他重视自己工作性质的体现方式。利用服装符号大有人在，"（张）濬愤愤不得志，乃田衣野服，隐于金凤山"，②"（颜）师古既负其才，又早见驱策，累被任用。及频有罪谴，意甚丧沮，自是阖门守静，杜绝宾客，放志园亭，葛巾野服。"③ 而陆羽本来就是隐士，平时就是"纱巾藤鞋，短褐犊鼻"④ 的打扮，接到李季卿的邀请后就用日常的野服打扮演绎茶事。当然，常伯熊的服饰也不是官服，不过却是当时流行的便服，与陆羽的野服还有非常大的距离，《旧唐书·李元恺传》有一段文字可以说明两者之间的差异：

---

① 唐代封演《封氏闻见记》卷六《饮茶》。
② 《旧唐书》卷一百七十九《张濬传》。
③ 《旧唐书》卷七十三《颜师古传》。
④ 《文苑英华》卷七九三《陆文学自传》。

李元恺者，博学善天文律历，然性恭慎，口未尝言人之过。乡人宋璟，年少时师事之，及璟作相，使人遗元恺束帛，将荐举之，皆拒而不答。景龙中，元行冲为洺州刺史，邀元恺至州，问以经义，因遗衣服，元恺辞曰："微躯不宜服新丽，但恐不能胜其美以速咎也。"行冲乃以泥涂污而与之，不获已而受。及还，乃以己之所蚕素丝五两以酬行冲，曰："义不受无妄之财。"①

由此看来，陆羽不仅要通过野服与官服相区别，还要通过野服与时装区分泾渭，也就是说要强调他与常伯熊之流的不同。幸运的如卢鸿一包括隐居的服装都得到皇帝的关心，开元五年应诏赴征，因固辞官职，最后还是被放归山林，玄宗"闻将还山，又赐隐居之服并其草堂一所，恩礼甚厚。"② 遗憾的是陆羽的野服装扮没能得到李季卿的认可。

在陆羽的一生中，颜真卿的影响非常重大，以其地位和威望，他对于陆羽的看法无疑会影响当时社会。颜真卿除了有《谢陆处士杼山折青桂花见寄之什》的诗，还在《湖州乌程县杼山妙喜寺碑铭》中，两次对陆羽使用了处士的称谓：

……有处士竟陵子陆羽《杼山记》所载如此，其台殿廊庑建立年代并具于记中。大历七年真卿蒙刺是邦时，浙江西观察判官、殿中侍御史袁君高巡部至州，会于此上。真卿遂立亭于东南，陆处士以癸丑岁冬十月癸卯朔二十一日癸亥建，因名之曰三癸亭。③

在《梁吴兴太守柳恽西亭记》中又说：

今处士陆羽《图记》云：西亭，城西南二里，乌程县南六十步，跨苕溪为之。昔柳恽文畅再典吴兴，以天监十六年正月所起。以其在吴兴郡理西，故名焉。④

---

① 《旧唐书》卷一百九十二《隐逸·李元恺传》。
② 《旧唐书》卷一百九十二《隐逸·卢鸿一传》。
③ 唐代颜真卿《颜鲁公集》卷四《碑》。
④ 《颜鲁公集》卷十三《记》。

此外，皇甫曾也有《送陆鸿渐山人采茶》和《哭陆处士》等诗。尤其是《哭陆处士》，表明直至去世，陆羽都被视为隐士。观其一生，不仅陆羽自视为隐士，同时代了解他的人也都认可他作为隐士的身份。

2. 出仕与历史上对于陆羽的身份认识 唐代对于陆羽隐士身份的认定没有产生异议，这里有必要说明一下他的应召出仕问题。

《新唐书·隐逸传》说："诏拜羽太子文学，徙太常寺太祝，不就职。"但是据《旧唐书·职官志》可以发现这个记载有误，司经局设正六品的太子文学三人，太常寺设正九品上的太祝六人，[1] 如果陆羽拒绝了六品的太子文学，再次征召不可能是品级更低的职位。因此，至少《新唐书·隐逸传》把前后顺序弄错了。要说陆羽没有响应朝廷的征召，首先的可能性应该是指九品的太祝。但是，人们还是以太祝称陆羽，"贞元元和间文坛的盟主"权德舆有《同陆太祝鸿渐崔法曹载华见萧侍御留后说得卫抚州报推事使张侍御却回前刺史戴员外无事喜而有作三首》、《送陆太祝赴湖南幕同用送字》[2] 等诗和《萧侍御喜陆太祝自信州移居洪州玉芝观诗序》。同时期的例子还有熊孺登的《中秋夜卧疾思陆太祝崔法曹登郑评事涉西楼因寄》，[3] 湖州时代的好友戴叔伦有《岁除日奉推事使牒追赴抚州辨对留别崔法曹陆大祝处士（士字衍）上人同赋人字口号》、《抚州被推昭雪答陆太祝三首》[4] 等。贞元初，权德舆为江西观察使李兼判官，[5] 在为江西同僚与陆羽的唱和所作的序中，描绘了他们欢洽的交往，对于来到南昌的陆羽的诗也作了高度的评价：

> 太祝陆君鸿渐以词艺卓异，为当时文人。凡所至之邦，必千骑郊劳，五浆先馈。尝考一亩之宫于上饶，时江西上介殿中萧侍御公瑜权领是邦，相得欢甚。会连帅大司宪李公入觐于王，萧君

① 《旧唐书》卷四十四《职官志》。
② 唐代权德舆《权文公集》卷三、五。
③ 宋代蒲积中编《岁时杂咏》卷二十九《中秋》。
④ 《全唐诗》卷二百七十四。
⑤ 《旧唐书》卷一百四十八《权德舆传》。

领廉察留府，太祝亦不远而至，声同而应随故也。①

这与湖州时代颜真卿等对陆羽的处士称谓形成了鲜明的对照，似乎暗示了陆羽自己或者周边的人对他的身份定位发生了变化。不久，陆羽就应辟去了湖南，似乎陆羽的隐士生活就此画上了句号。恰巧李齐物之子李复在贞元三年（787）到任广州刺史、岭南节度使，湖州时代好友的周愿又在其幕下，于是陆羽离开湖南也去了广州，也就是在这个时期，陆羽被授予太子文学。周愿《牧守竟陵因游西塔著三感说》提供了相应信息，所谓"愿频岁与太子文学陆羽同佐公之幕，兄呼之。"② 由此历史上称陆羽为"陆文学"，但是此后的陆羽从文献中销声匿迹，事迹无考。

尽管陆羽最终放弃了隐居生活，但是后世对他的身份认定仍然是隐士，欧阳修等在编撰《新唐书》时就把陆羽归入"隐逸传"，这对于历史上陆羽身份认识的一致性起到了承前启后的重要作用。或许会有欧阳修等宋代史学家误读陆羽史迹的怀疑，因为在前引"隐逸传"中误以为陆羽终生没有出仕任职。其实在《新唐书·隐逸传》中固然有终生隐逸的人，也有很多人时隐时仕，甚至包括位极人臣、曾任宰相的贺知章。同样是隐士的诗人秦系，最后也被朝廷"加校书郎"。因此《新唐书·隐逸传》把隐逸分为三类：

> 古之隐者，大抵有三概：上焉者，身藏而德不晦，故自放草野，而名往从之，虽万乘之贵，犹寻轨而委聘也；其次，挈治世具弗得伸，或持峭行不可屈于俗，虽有所应，其于爵禄也，汎然受，悠然辞，使人君常有所慕企，怊然如不足，其可贵也；末焉者，资槁薄，乐山林，内审其材，终不可当世取舍，故逃丘园而不返，使人常高其风而不敢加訾焉。且世未尝无隐，有之未尝不雄贵而先焉者，以孔子所谓"举逸民，天下之人归焉"。
>
> 唐兴，贤人在位众多，其遁戢不出者，才班班可述，然皆下

---

① 《文苑英华》卷七百十六《诗序二》。

② 《文苑英华》卷三百七十一《纪述二》。

概者也。虽然，各保其素，非托默于语，足崖壑而志城阙也。然放利之徒，假隐自名，以诡禄仕，肩相摩于道，至号终南、嵩少为仕途捷径，高尚之节丧焉。故衰可喜慕者类于篇。[①]

可见，不仅个人经历非常复杂，就是隐逸的原因也因人而异，至少出仕与否并不是判断隐士的必要条件。对此，文学史学者蒋寅先生在研究大历诗人时对于隐逸有一个非常精到的总结，同样有助于理解陆羽的出仕问题：

关于隐士诗人，先首要申明的是，隐士诗人的概念决不意味着他们从来没有做过官。世上本无天生的隐士，隐逸总是在某种历史情境或个人命运的压迫中作出的选择。"古今隐逸诗人之宗"陶渊明，是在四十一岁、做了十三年官之后，感到"有志不获骋"，而又"素襟不可易"，才决然归隐的，但这并不妨碍他列名于《晋书》、《宋书》、《南史》的"隐逸传"。唐代且不说走"终南捷径"者大有人在，即使你诚心终老田园，还有个"高蹈丘园，不求闻达"科在等着褒奖你。而一般的情况是，隐士出了名，且又有了才华，那么地方长官、藩镇节帅便会举荐于朝廷，或表授虚衔，罗致幕下。一方面博得折节礼贤的美名，同时又得其文牍刀笔之用。在隐士这方面呢，很多人本身是有功名心的，如秦系、刘方平曾举进士，顾况、章八元并曾及第，都是因为某种原因才隐逸的。即使天性淡泊、毫无功名之念的人，一旦荣名骤至，冠带加身，有何乐而不受呢？觉得知己足感，世事可为，便屈驾赴命。反正以他们的身份只会备受礼遇，不可能仅供驱遣的。如果像秦系那样不愿出山或觉得官微不足就，就可以摆出高尚其志的姿态，声明"莫强教余起，微官不足论"（《山中赠张正则评事》），从而使自己的高名更高，邀致更优渥的宠命。总之，隐士所处的地位是很有主动权的，可以说进退有据，所以不仅世

① 《新唐书》卷一百九十六《隐逸传》。

有崇尚隐逸的风气，也产生了一大批奉诏授官的"征君"。①

这个总结放在陆羽身上异常贴切，反过来印证了以上总结的准确。包括对于隐士身份可进可退优越性的认识，皇甫冉在《送陆鸿渐赴越》序中坦言："夫越地称山水之乡，辕门当节钺之重。进可以自荐求试，退可以闲居保和。"② 即便不是陆羽自己的想法，也是作为友人的皇甫冉对于陆羽此次浙东之行的期待。唐代隐士对于隐与仕的取舍其实是比较自由的，随着心态与价值观的变化而变化，处理得游刃有余。而后代把这个选择尖锐对立起来，把隐逸概念化了。其实早在湖州时代，皎然就认为陆羽的隐居是暂时的，在《喜义兴权明府自君山至集陆处士羽青塘别业》中，皎然写道：

> 应难久辞秩，暂寄君阳隐。
>
> 已见县名花，会逢闹是粉。
>
> 本自寻人至，宁因看竹引。
>
> 身关白云多，门占春山尽。
>
> 最赏无事心，篱边钓溪近。③

对于暂时性隐居不仅没有忌讳，而且还带有赞扬、恭维，甚至期待的心情。尽管无法得知陆羽出仕的个人原因，不过吴相洲先生的研究却提供了一个社会背景：

> 安史之乱爆发，整个社会的经济受到巨大的破坏，大多数士人失去了隐逸高蹈的物质基础。只有出仕才能求得生存，这使士人保持高洁的人格增加许多难度。
>
> 然而中唐前期的大多数诗人却在战乱困苦中走向凡俗，精神境界大为降低，很少表现出道德境界、天地境界，他们一切为自己的身家性命着想，基本上处在功利境界当中。应该说，安史之乱是一场巨大的社会灾难，不仅给社会造成了严重的破坏，也使

---

① 蒋寅《大历诗人研究》，北京大学出版社，2007年，第268-269页。
② 《全唐诗》卷二百五十。
③ 《全唐诗》卷八百十七。

士人的心灵受到了严重的创伤，使人们普遍感到人命危浅，世事无常。①

直至今天，我们仍然把陆羽视为隐士。蒋寅先生在例数大历贞元隐逸诗人时就提到了陆羽。② 或许使用文人、诗人、乃至大臣指称陆羽也未尝不可，然而文人太宽泛，只能表明陆羽的儒学基础；诗也同样是这个时代的文人的共同修养，而陆羽尽管得到权德舆的高度评价，却没有标志性的成就；至于应诏就职，也没有足以传颂的政绩。因此，隐士是最能反映陆羽属性的身份定位。

三、社会对于茶的认识

陆羽不是茶叶的发现者，也不是饮茶习俗的缔造者，他只是选择了茶。那么，作为隐士的陆羽与茶究竟有什么内在的机缘？

1. **前陆羽时代对于茶的认识**　饮茶习俗在两晋已经确立，并且形成了鲜明的社会形象，比如通过茶果的款待，体现了桓温"性俭"；③ 陆纳也把茶宴作为酒宴的对立面，而视之为"素业"。④ 这类评价更多地站在社会政治与道德的层面。还有一类认识基于魏晋的道教服食习俗，由此也赋予了茶更加虚幻的意义，最直接的表述如壶居士《食忌》所谓"苦茶久食羽化"，陶弘景《杂录》的"苦茶轻身换骨"等。⑤ 而健康饮料的认识角度恐怕更加普遍，《神农食经》有"茶茗久服，令人有力、悦志"的说法，华佗《食论》说："苦茶久食，益意思。"⑥ 就单纯的饮料而言，也出现了历史上最高的评价，所谓"芳茶冠六清，溢味播九区"。⑦

---

① 吴相洲《中唐诗文新变》，学苑出版社，2007年，第53、76页。
② 《大历诗人研究》，第268页。
③ 《晋书·桓温传》。
④ 《晋书·陆纳传》。
⑤⑥ 《茶经》卷下《七之事》。
⑦ 晋朝张孟阳《登成都楼》。

到了唐代，虽然陆羽之前的茶叶史料比较少，不过也有一些意味深刻的故事。在《唐才子传》中，崔国辅、储光羲的传记前后相连，① 主要的原因是他们是同期进士，巧的是他们都留下了与茶相关的资料，崔国辅与陆羽论茶，储光羲有《吃茗粥作》诗：

> 当昼暑气盛，鸟雀静不飞。
>
> 念君高梧阴，复解山中衣。
>
> 数片远云度，曾不蔽炎晖。
>
> 淹留膳茶粥，共我饭蕨薇。
>
> 敝庐既不远，日暮徐徐归。②

高桥忠彦先生从作品前后排序上推测，储光羲是在与茅山隐士的交往中提到茶，③ 至少诗中所反映的山林生活意境是确凿无疑的。

毋煚的观点更加能够反映前陆羽时代对于茶叶的认识水准：

> 右补阙毋煚博学，有著述才，上表请修古史，先撰目录以进。玄宗称善，赐绢百匹。性不饮茶，制《代茶录序》，其略曰：释滞销壅，一日之利暂佳；瘠气侵精，终身之累斯大。获益则归功茶力，贻患则不为茶灾，岂非福近易知，祸远难见？煚直集贤，无何以热疾暴终。初，煚梦着衣冠上北邙山，亲友相送。及至山顶，回顾不见一人，意恶之。及卒，僚友送至北邙山，咸如所梦。玄宗闻而悼之，赠朝散大夫。④

毋煚生活在玄宗前期，在安史之乱爆发之前就去世了。他对于饮茶副作用的认识，首先反映了这个时代对于茶的认识水平。其次，由于作为经验医学的中医的思考方式是基于饮茶的普及而形成的，就是说在前陆羽时代，饮食生活中的饮茶习俗已经普及到一定程度。进而也生成了文化符号意义，把茶与隐遁联系在一起就是一个比较突出的认识。李白

---

① 元代辛文房《唐才子传》卷一。
② 唐代储光羲《唐储光羲诗集》卷一《五言古诗》。
③ 《禅茶：历史与现实》，第45页。
④ 唐代刘肃撰《唐新语》卷十一《褒锡》。

在《答族侄僧中孚赠玉泉仙人掌茶并序》把未来的茶叶知音寄托在隐者的身上，即"后之高僧大隐，知仙掌茶发乎中孚禅子及青莲居士李白也"。①

2. 陆羽时代对于茶的认识　皎然不仅与陆羽关系至密，而且是中国历史上最著名的诗僧，所撰写的茶诗在诗僧中名列前茅。他是如何认识茶的呢？《饮茶歌诮崔石使君》集中体现了皎然的茶文化观：

> 越人遗我剡溪茗，采得金芽爨金鼎，
> 素瓷雪色缥沫香，何似诸仙琼蕊浆。
> 一饮涤昏寐，情思爽朗满天地；
> 再饮清我神，忽如飞雨洒轻尘；
> 三饮便得道，何须苦心破烦恼。
> 此物清高世莫知，世人饮酒多自欺。
> 愁看毕卓瓮间夜，笑看陶潜篱下时。
> 崔侯啜之意不已，狂歌一曲惊人耳。
> 孰知茶道全尔真，唯有丹丘得如此。②

皎然把饮茶境界分为三个层次，首先是身体上的反应，茶把饮者从困乏中解脱出来；然后是感觉上的神清气爽；最后是精神的升华，使用了宗教的、具体地说是道教的表述方式。而茶之所以有这些功效是因为具有"清高"的品质特征，可惜曲高和寡，不像酒那样广为知爱。不过崔石使君是一个例外，因为以往只有丹丘子那样的道家仙人才能够理解茶。皎然没有具体阐释茶道，从诗的内容上看，能够达到饮茶的这三种境界，就是理解茶道了。

韦应物略比陆羽小几岁，有《喜园中茶生》诗曰：

> 洁性不可污，为饮涤尘烦。
> 此物信灵味，本自出山原。

---

① 唐代李白《李太白文集》卷十六。
② 唐代皎然《昼上人集》卷七。

> 聊因理郡余，率尔植荒园。
>
> 喜随众草长，得与幽人言。[①]

不经意从山上移植到荒园的茶树在杂草丛中茂然生长，韦应物喜不自禁，以为有了和隐逸（幽人）交流的话题。而按照储仲君先生的说法，韦应物"始终是按照出仕、闲居、出仕、闲居这样的公式安排的，他的情绪也随着这种变化螺旋式地运动着，但不是上升，而是下降"。[②] 蒋寅先生在评价他的《郡斋雨中与诸文士燕集》诗时指出："此诗之所以从刘太真、白居易以来一直为人激赏，就在于它表达了古代封建社会士大夫理想的生活方式——吏隐。"[③] 针对的是一首诗，总结的却是士人心态，因此，隐逸不仅一直是韦应物的一种向往，同时也是中国士人阶层的寄托，只是韦应物往往借助于寺院完成他的隐逸梦想。

同样，刘言史对于茶有着与韦应物同样的感受与认识。在《与孟郊洛北野泉上煎茶》中写道：

> 粉细越笋芽，野煎寒溪滨。
>
> 恐乖灵草性，触事皆手亲。
>
> 敲石取鲜火，撇泉避腥鳞。
>
> 荧荧爨风铛，拾得坠巢薪。
>
> 洁色既爽别，浮盦亦殷勤。
>
> 以兹委曲静，求得正味真。
>
> 宛如摘山时，自歔指下春。
>
> 湘瓷泛轻花，涤尽昏渴神。
>
> 此游惬醒趣，可以话高人。

考《唐才子传》，刘言史也是一位隐士诗人。"刘言史少尚气节，不举进士。工诗，美丽恢赡，世少其伦。冀镇节度使王武俊颇好词艺，言史造

---

① 《全唐诗》卷一百九十三。
② 储仲君《韦应物诗分期的探讨》，《文学遗产》1984 年第 4 期。
③ 《大历诗人研究》，第 81 页。

之，特加敬异。武俊尝猎，有双鸭起蒲稗间，一矢联之，遂于马上草射鸭歌以献，因表荐请官。诏授枣强令，辞疾不就，当时重之。"① 诗对于煎茶着墨较多，"野煎"更平添了一层隐逸色彩，也成为理解确立"茶具二十四器"的陆羽为什么还要在《茶经》中特别为简式饮茶开列"九之略"专篇，而核心内容又为野外煎煮茶提供了线索。

3. 后陆羽时代对于茶的认识　贞元诗坛上承大历湖州诗坛余韵，下启元和诗坛。贞元诗坛主宰的权德舆对于元和诗坛的领袖性诗人柳宗元、刘禹锡等都有提携奖掖。在他掌贡举时，王涯、元稹、白居易等与茶关系密切、或留下丰富茶诗的诗人纷纷登科及第。

刘禹锡的《西山兰若试茶歌》是茶诗中的名篇，对于茶的高洁认识与上述皎然、韦应物、刘言史一脉相承：

> 山僧后檐茶数丛，春来映竹抽新茸。
> 宛然为客振衣起，自傍芳丛摘鹰嘴。
> 斯须炒成满室香，便酌砌下金沙水。
> 骤雨松声入鼎来，白云满碗花裴回。
> 悠扬喷鼻宿醒散，清峭彻骨烦襟开。
> 阳崖阴岭各殊气，未若竹下莓苔地。
> 炎帝虽尝未解煎，桐君有箓那知味。
> 新芽连拳半未舒，自摘至煎俄顷余。
> 木兰坠露香微似，瑶草临波色不如。
> 僧言灵味宜幽寂，采采翘英为嘉客。
> 不辞缄封寄郡斋，砖井铜炉损标格。
> 何况蒙山顾渚春，白泥赤印走风尘。
> 欲知花乳清泠味，须是眠云跂石人。②

他借僧侣之口道出茶"宜幽寂"的隐逸特性，只有山居隐士才能理解

---

① 《唐才子传》卷四。
② 唐代刘禹锡《刘宾客文集》卷二十五《杂体三十九首》。

茶的"味道"。僧道都具有隐逸的特征，与隐士具有很相近的生活方式，因此可以在一定程度上把他们作为一个整体来研究，蒋寅先生就使用了"方外"一词概括这三者。[①]

白居易在《香炉峰下新置草堂即事咏怀题于石上》中以"沉冥子"自称。[②] 汉扬雄《扬子法言》云："蜀庄沉冥，蜀庄之才之珍也，不作苟见，不治苟得，久幽而不改其操。"吴秘注曰："庄遵字君平，蜀人也。晦迹不仕，故曰沉冥。"[③] 事实上，白居易堪称"吏隐"的典范，身居高官，生活优渥，心存隐逸，消闲自在。他还在《中隐》诗中归纳总结了大中小三隐：

> 大隐住朝市，小隐入邱樊。
>
> 邱樊太冷落，朝市太嚣喧。
>
> 不如作中隐，隐在留司官。
>
> 似出复似处，非忙亦非闲。
>
> 不劳心与力，又免饥与寒。
>
> 终岁无公事，随月有俸钱。
>
> 君若好登临，城南有秋山。
>
> 君若爱游荡，城东有春园。
>
> 君若欲一醉，时出赴宾筵。
>
> 洛中多君子，可以恣欢言。
>
> 君若欲高卧，但自深掩关。
>
> 亦无车马客，造次到门前。
>
> 人生处一世，其道难两全。
>
> 贱即苦冻馁，贵则多忧患。
>
> 惟此中隐士，致身吉且安。
>
> 穷通与丰约，正在四者间。[④]

---

① 《大历诗人研究》，第268-344页。
② 唐代白居易《白氏长庆集》卷七。
③ 汉代扬雄《扬子法言》卷五《问明篇》。
④ 《白氏长庆集》卷二十二。

在唐代诗人中，白居易留传下来涉及茶的诗最为丰富，茶是他闲适生活的一个重要象征。在与隐士的交往中，白居易也提到了茶，如在《题施山人野居》中写道：

> 得道应无着，谋生亦不妨。
>
> 春泥秧稻暖，夜火焙茶香。
>
> 水巷风尘少，松斋日月长。
>
> 高闲真是贵，何处觅侯王。[①]

与得道成仙、封王策侯相比，香茶陪伴的闲适生活更值得追求。不仅实写施山人的生活现状，更是白居易对自己理想生活的表白。

晚唐有一对齐名的隐逸诗人皮日休和陆龟蒙，在他们的唱和诗集《松陵集》中收录了堪称茶史上系列性最强的组诗。皮日休先创作了《茶中杂咏》，分别歌咏了茶坞、茶人、茶笋、茶籝、茶舍、茶灶、茶焙、茶鼎、茶瓯和煮茶，陆龟蒙随即作《奉和茶具十咏》，合为二十首。在诗的序中，皮日休讲了他的创作意图：

> 案《周礼》酒正之职辨四饮之物，其三曰浆。又浆人之职，共王之六饮，水浆醴凉医酏入于酒府。郑司农云：以水和酒也。盖当时人率以酒醴为饮，谓乎六浆，酒之醨者也。何得姬公制《尔雅》云：槚，苦茶。即不撷而饮之，岂圣人纯于用乎？抑草木之济人，取舍有时也。自周已降及于国朝，茶事竟陵子陆季疵言之详矣。然季疵以前，称茗饮者必浑以烹之，与夫瀹蔬而啜者无异也。季疵之始为经三卷，繇是分其源，制其具，教其造，设其器，命其煮，俾饮之者，除痟而去疠，虽疾医之不若也。其为利也，于人岂小哉？余始得季疵书，以为备矣。后又获其《顾渚山记》二篇，其中多茶事。后又太原温从云、武威段碣之各补茶事十数节，并存于方册，茶之事繇周至于今，竟无纤遗矣。昔晋杜育有《荈赋》，季疵有《茶歌》，余缺然于怀者，谓有其具而不

---

① 《白氏长庆集》卷十三。

形于诗，亦季疵之余恨也，遂为十咏，寄天随子。①

可见陆羽对于皮日休、陆龟蒙在创作上的影响和皮日休补充陆羽《茶经》的意愿。而陆龟蒙与茶的关系更加紧密，不仅自己喜爱饮茶，还以茶为生：

> 嗜茶，置园顾渚山下，岁取租茶，自判品第。张又新为《水说》七种，其二慧山泉，三虎丘井，六松江。人助其好者，虽百里为致之。初病酒，再期乃已，其后客至，絜壶置杯不复饮。不喜与流俗交，虽造门不肯见。不乘马，升舟设蓬席，赍束书、茶灶、笔床、钓具往来。②

茶的第一属性是饮料。茶被社会各阶层广泛饮用，与酒、汤相比，具有更加普及、日常的特征。作为嗜好品，饮茶必然带有水分补充以外的文化意义，其中与孤寂脱俗精神世界的关系特别紧密，并且作为茶的代表性印象进入了诗的世界。这个文化意义建立在茶叶清醒提神的物质功效基础之上，陆羽在《茶经·一之源》中总结茶"为饮，最宜精行俭德之人"。③《周易》有"君子以俭德辟难，不可荣以禄"。这里所谓的"俭德"指"以节俭为德"。虽不是直指隐逸，却与山林隐逸有着同样的价值观。如果进一步看"不可荣华其身，以居禄位"，④ 与禄位保持距离更是隐逸的决定性条件。因此，三国吴虞翻直接解释为遁隐山林："巽为入，伏干为远，艮为山，体遯象，谓辟难远遁入山，故不可营以禄。"⑤ 由此可见，陆羽也把茶视为最适合隐士的饮料。

四、小　　结

佛教、道教等宗教中也有隐逸的基本要素，从陆羽的一生来看，被智

---

① 唐代皮日休、陆龟蒙《松陵集》卷四《茶中杂咏并序》。
② 《新唐书》卷一百二十一《隐逸·陆龟蒙传》。
③ 《茶经》卷上《一之源》。
④ 《周易注疏》卷三《上经·否》。
⑤ 《周易集解》卷四唐李鼎祚。

积禅师带回寺院也就是被带上了隐逸的人生，对于从小生活在寺院里的陆羽来说，在漫长的人生路上完全可以修正自己的人生走向，事实上陆羽最终选择了儒家作为自己的立身之本：

> 自九岁学属文，积公示以佛书出世之业。子答曰："终鲜兄弟，无复后嗣。染衣削发，号为释氏。使儒者闻之，得称为孝乎？羽将授孔圣之文。"①

在经历了身心的磨炼后，陆羽离开了寺院，以其横溢的才华，很幸运地得到了李齐物、邹夫子和崔国辅的奖掖，但是隐逸的价值取向却没有发生变化，当然对于禅师的感情也一如既往：

> 羽少事竟陵禅师智积，异日在他处闻禅师去世，哭之甚哀，乃作诗寄情。其略云：不羡白玉盏，不羡黄金罍，亦不羡朝入省，亦不羡暮入台，千羡万羡西江水，曾向竟陵城下来。②

这是陆羽流传下来屈指可数的诗作中的一篇，其中的隐逸情趣也昭然若揭。另外，不仅隐逸的价值观，似乎智积禅师还是陆羽的茶文化启蒙者，宋董逌在《广川画跋》中讲了这么一个故事：

> 余闻纪异言：积师以嗜茶久，非渐儿供侍不向口。羽出游江湖四五载，积师绝于茶味。代宗召入内供奉，命宫人善茶者以饷师，一啜而罢。上疑其诈，私访羽召入。翌日，赐师斋，俾羽煎茗，喜动颜色，一举而尽。使问之。师曰："此茶有若渐儿所为也。"于是叹师知茶，出羽见之。③

"杂史以纪异体杂纪"，④ 董逌概从前代杂史中看到此条史料。从崔国辅到竟陵与不到20岁的陆羽"相与较定茶水之品"⑤ 上看，陆羽在少年时代就与茶有密切的接触，并且有自己的独立思考和见解，嗜茶的智积禅

---

① 《文苑英华》卷七九三《陆文学自传》。
② 唐代李肇《唐国史补》卷中。
③ 宋代董逌《广川画跋》卷二《书陆羽点茶图后》。
④ 《旧唐书》卷四十六《经籍上》
⑤ 《唐才子传》卷一《崔国辅传》。

师成为他最自然的引路人。因此，在陆羽的人生中，智积禅师在各方面奠定了他的发展基础。尽管佛、道都有隐逸的基本特征，但是陆羽却把自己隐逸的出发点定位在了儒家上，因此也出现了仕与隐的选择与摆动，同时按照儒家隐逸的思路演绎茶道，对于隐逸的茶寄托了强烈的国家民族意识，[①] 完成了他的不朽之作《茶经》。

关剑平　浙江农林大学艺术设计学院人文·茶文化学院副研究员，从历史学和文化人类学的角度研究生活文化，尤其致力于饮食文化的研究。专著《茶与中国文化》(人民出版社 2001 年)、《文化传播视野下的茶文化研究》(中国农业出版社 2009 年) 等，主编《禅茶：历史与现实》(浙江大学出版社 2011 年) 等。

---

① 陆羽在自己设计的风炉上刻下"圣唐灭胡明年铸"(《茶经》卷中《四之器》)是他的国家民族意识的最直接的体现。

二、《茶经》研究

《茶经》用字研究
——陆羽的"煮"与白居易的"煎"

高桥忠彦

中国的饮茶技术因陆羽而得到洗练。从《茶经》推测，陆羽之前的茶饮料汤菜或者药用的色彩特别强。陆羽精致饮茶技术的重点是排除茶业以外的材料，茶末不要煮得太过分。从陆羽开始，随着中国饮茶文化的发展，出现了宋代盛行的"点茶"、明代以后普及的"泡茶"等用语。但是，这些都是着眼于"注汤"的表现方式，很少有"煮茶"或者"为了茶而煮水"的意思。

与此相比，在饮茶普及的唐代，出现了"煎茶"、"煮茶"、"烹茶"、"瀹茶"、"饮茶"、"啜茶"等词语，"煎"、"煮"、"烹"、"瀹"都意味着"煮茶"。下面汇集了它们的基本字义。

"煎"是煮水大量蒸发的意思。"减少"、"消耗"的意思派生于煮干。其他派生意还有油炒、燃油。"煮"就是煮东西的加工，尤其是煮软。这两个字在唐代以后被用在茶上。就像"烹饪"这个词所象征的，"烹"就是煮菜。与茶相关的使用见于后汉《僮约》中的"烹茶尽具"，比其他都早。尽管就这么一个例子很难得出什么结论，或许可以作为茶的菜肴印象的旁证。在《仪礼》里，"瀹"的意思是浸在开水里，当是原意。但是后代受《庄子·知北游》中"疏瀹而心"的影响，被用作"清洗"，特别是清洁精神。唐代以后被用于茶，但是并不一定是严格意义的"浸在开水里"，可以看做是"煮"的雅称。

尽管如此，关于唐代茶文化，最大量、最重要的用语是"煎茶"和"煮茶"。"煎"和"煮"基本上是同义词，有"放在锅里的开水中加热"的意思，也可以仅仅是"烧水"的意思。但是两者的意义也不见得完全一致，很多场合有区别。下面考察一下相关的例子。

北魏贾思勰的《齐民要术》与《茶经》一样，都是饮食文化的专著，有很多共通的语汇。《齐民要术》中有 37 例"煎"，238 例"煮"。煮到液体的食品、药品在数量上显著减少，还有用油炒就是"煎"。"煮"的主要意义是煮食品取鲜汤，煮到柔软，不过也有短的时候"一沸"就停火的记载。这种"数字＋沸"的说法让人想起《茶经》中的"一沸、二沸、三沸"，当然不见得意义完全一样。另外，很多药学书中使用的"数字＋沸"在《齐民要术》里也指煮开几次，表现煮的时间长度。顺便说一下，《齐民要术》中的"数字＋沸"多与"煮"相关使用，达到十五例之多。从"一沸"到"五沸"有很大的间距，使用次数最多的是"三沸"。"煎"只有"三四沸"一例。

那么有很多煮药记载的医书、本草书又如何呢？在梁陶弘景的《本草经集注》中，已经区分使用"煎"和"煮"，唐代苏敬的《新修本草》同样存在这个区别。"煎"是煮膏，在煮干水分，加工成膏药状时使用。"煮"是用水煮出成分的"汁"，煮软的意思，时间最短时"一两沸"。看一下敦煌文书中的医书和本草书可以发现"煎"和"煮"的区别很暧昧的例子，这是民间的用法。在医学的世界里，"煎"和"煮"原本被区别使用。

《茶经》中陆羽自己对于茶的记述只使用"煮"的动词，完全没有使用"煎"。就像章的标题"五之煮"那样，陆羽把二三沸的煮茶末的饮茶法视为"煮茶"是不容置疑的。与茶无关时，包括陆羽引用的文献，如果全部例举的话，有：

《四之器》中的"凡煮水一升，用末方寸匕"。

《五之煮》中的"饽者以滓煮之"，"第一煮水沸而弃其沫之上"，"凡煮水一升，酌分五碗"。

《六之饮》中的"或用葱、姜、枣、橘皮、茱萸、薄荷之等，煮之百沸"，"或煮去沫"，"茶有九难：一曰造，二曰别，三曰器，四曰火，五曰水，六曰炙，七曰末，八曰煮，九曰饮"，"操艰搅遽非煮也"。

《七之事》中的"《广雅》云：……欲煮茗饮先炙令赤色"，"郭璞《尔雅》注云：树小似栀子，冬生叶，可煮羹饮"，"《桐君录》：……又巴东别有真茗茶，煎饮，令人不眠。俗中多煮檀叶并大皂李作茶"，"《桐君录》：……亦可通夜不眠，煮盐人但资此饮"，"《枕中方》：……煮甘草汤洗，以末傅之"，"《孺子方》：疗小儿无故惊蹶，以苦茶、葱须煮服之"。

《九之略》中的"其煮器，若松间石上可坐，则具列废"。

《十之图》中的"茶之源、之具、之造、之器、之煮、之饮、之事、之出、之略"。

在这 17 例中，11 例是陆羽自己的语言。而"煎"仅见于被引用的《桐君录》，没有其他用例。

看一下陆羽周边的话，释皎然留下的大量茶诗，据说还著有《茶诀》。在释皎然的茶诗中，没有使用"煮茶"，"饮茶"、"烹茗"却非常醒目。还用了"煎"，有"涤清茗"的表现。唐代中期，在逐渐形成高度的茶文化的浙江一带，原来茶的用语并没有固定，可以大胆推测陆羽选择了"煮"的表现方法。可以指出的理由，可能是无法用"煎"表现把茶叶煮干的意义，所以选择了适合二三沸的"煮"。与陆羽交游的皇甫冉、皇甫曾、权德舆在关于茶的诗中也没有使用"煎"和"煮"。

一方面，有资料把陆羽的茶称为"煎茶"。《封氏闻见记》在记述了开元年间中国北方都市里茶店增加，"煎茶卖之，不问道俗，投钱取饮"之后又说，楚人陆鸿渐著《茶论》，说"茶之功效并煎茶炙茶之法"。进而还记载了御史大夫李季卿称陆羽为"煎茶博士"的著名逸话。即便这条史料完全可信，也不意味着陆羽自称自己的茶为"煎茶"。包括《因话录》中陆羽"性嗜茶，始创煎茶法"，也只能是后人的评价。

在受陆羽影响的人中，还出现了标榜"煎茶"的人。《唐才子传》中，张又新"喜嗜茶，恨在陆羽后，自著《煎茶水记》一卷"。但是，尽管有《煎茶水记》的书名，其中被引用的据传是陆羽水论的资料题为《煮水记》，构成从陆羽"煮茶"到张又新《煎茶》的变化。

同样，在《唐才子传》中记载了李约所说的"煎茶法"秘诀，内容是《茶经》的脱胎换骨。很难推测"煎茶"一词为何产生。也许在

《封氏闻见记》所看到的开元年间的都市茶店里确实在煎熬茶，也许仅仅是使用广义的"煎"。总之，可以推测都市使用的"煎茶"已经处于优势。

另一方面，也有因为注意到陆羽而继承"煮茶"一词的人。受《茶经》强烈影响的皮日休在《茶中杂咏》中有《煮茶》的题目，陆龟蒙的和诗《奉和袭美茶具十咏》中也题《煮茶》绝非没有意义的事。以上例举了唐代诗人的例子，就《全唐诗》来看，"煎茶"、"煎茗"、"煮茶"、"煮茗"都被使用，"煎"在数量上处于优势，从诗的内容上看，无法判断"煎"和"煮"是否有意区别。但是，如果说具体使人的话，例如白居易就有好用"煎"的事实。

陆羽一贯使用"煮茶"和稍后的白居易好用"煎"形成鲜明的对比。被后世视为"煎茶"之祖之一的卢仝在《走笔谢孟谏议寄新茶》中有"柴门反关无俗客，纱帽笼头自煎吃"，在《萧宅二三子赠答诗二十首·客谢竹》中有"君若随我行，必有煎茶厄"，确实可以看出他是"煎茶"派。可惜的是卢仝没有留下很多茶诗。相比之下，白居易的茶诗达到数十首。

不知白居易如何学得茶，或许是年轻时学习了已经在长安流行的饮茶。对于茶、茗使用"煎"的诗有《萧员外寄新蜀茶》中的"蜀茶寄到但惊新，渭水煎来始觉珍"，《春末夏初闲游江郭》中的"嫩剥青菱角，浓煎白茗芽"，《谢李六郎中寄新蜀茶》中的"汤添勺水煎鱼眼，末下刀圭搅曲尘"，《新昌新居书事四十韵因寄元郎中张博士》中的"蛮榼来方泻，蒙茶到始煎"，《山泉煎茶有怀》中的"坐酌冷冷水，看煎瑟瑟尘"，《晚起》中的"融雪煎香茗，调酥煮乳糜"，《池上逐凉》中的"榼遣秃头奴子拨，茶教纤手侍儿煎"等七例，使用"煮"的只有《清明日送韦侍御贬虔州》中的"留饧和冷粥，出火煮新茶"一例。意义上似乎并无区别。或许有平仄的考虑，总体上侧重"煎"。

前面已经指出陆羽使用"煮"的必然性。相对应，难以判明白居易的"煎"是只不过使用了当时的说法，还是有什么意图。恐怕至少与陆羽"三盏"、"五盏"的匆忙饮用相比，白居易更喜爱用"一瓯"慢斟细饮的日常茶（文人生活的茶）有关。① 只是为什么使用"煎"来表现好有待进一步的考察。

"煮茶"的表现方式在后代并没有消失，在唐代茶诗里，与"煎"相比，"煮"已经处于优势。就像白居易、卢全和后世的苏轼那样，著名的诗人使用"煎茶"对于以后得茶文化产生了影响。

高桥忠彦　东京学艺大学教育学部教授，主攻中国茶文化史和中日汉字文化史，主要著作《东洋的茶》（主编，淡交社，2000 年）、《日本的古辞书》（合著，大修馆书店，2006 年）、《桂川地藏记》（合作校注，八木书店，2012 年）等。

---

① 具体请参考《关于〈茶经〉中的"碗"和"瓯"》、《饮食文化研究》（下），黑龙江科学技术出版社，2009 年 8 月。

陆羽《茶经》的历史影响与意义

中国社会科学院历史研究所　沈冬梅

陆羽（733—804）《茶经》是世界上第一部茶学百科全书，自唐中期（约 758—761）撰成以来，在当时及其后至今，对中国以及世界茶文化的发展都产生了重大而深远的影响。

一、陆羽与《茶经》在唐代的影响

陆羽，字鸿渐，一名疾，字季疵。唐代复州竟陵（今湖北天门）人。居吴兴号竟陵子，居上饶号东岗子，于南越称桑苎翁。据其自传云不知所生，3 岁时被遗弃野外，龙盖寺（后名西塔寺）僧智积于西湖水滨得而收养于寺。

陆羽自幼就与茶结下了不解之缘。幼年在龙盖寺时要为智积师父煮茶，煮的茶非常好，以至于陆羽离开龙盖寺后，智积便不再喝别人为他煮的茶，因为别人煮的茶都没有陆羽煮的茶合乎积公的口味。[①] 幼时的这段经历对陆羽的茶事业影响至深，它不仅培养了陆羽的煮茶技术，更重要的是激发了陆羽对茶的无限兴趣。

玄宗天宝五载（746），河南太守李齐物谪守竟陵，见羽而异之，抚背赞叹，亲授诗集。天宝十一载（752），礼部郎中崔国辅贬为竟陵司马，很赏识陆羽，相与交游 3 年，"交情至厚，谑笑永日。又相与较定茶、水之品……雅意高情，一时所尚。"[②] 成为文坛嘉话，并有酬酢歌诗

---

① 据秦再思《纪异录》。详见后文"饮必羽煎"注。
② 见元辛文房《唐才子传》卷一，江苏古籍出版社 1987 年版。

合集流传。与崔国辅相与较定茶、水之品，是陆羽在茶方面才能与天赋的最初公开展现。崔国辅离开竟陵与陆羽分别时，以白驴乌犎一头、文槐书函一枚相赠，[①] 其所作《今别离》一首疑为二人离别作。[②] 李齐物的赏识及与崔国辅的交往，使陆羽得以跻身士流、闻名文坛。而陆羽在茶方面的特别才赋，亦随之逐渐为人关注和重视。

与崔国辅分别后，陆羽开始了个人游历，他首先在复州邻近地区游历。天宝十四载（755）安禄山叛乱时，陆羽在陕西，随即与北方移民一道渡江南迁，如其在自传中所说"秦人过江，予亦过江"。在南迁的过程中，陆羽随处考察了所过之地的茶事。至德二载（757），陆羽至无锡，游无锡山水，品惠山泉，结识时任无锡尉的皇甫冉。行至浙江湖州，与诗僧皎然结为缁素忘年之交，曾与之同居妙喜寺。乾元元年（758），陆羽寄居南京栖霞寺研究茶事。其间皇甫冉、皇甫曾兄弟数次来访。与其交往的皇甫冉、皇甫曾、皎然等写有多首与陆羽外出采茶有关的诗。[③] 上元初，陆羽隐居湖州，与皎然、玄真子张志和等名人高士为友，"结庐于苕溪之湄，闭关对书，不杂非类，名僧高士，谈燕永日"。同时，陆羽撰写了大量的著述，至上元辛丑岁（二年，761）陆羽作自传一篇，后人题为《陆文学自传》。其中记叙至此时他已撰写的众多著述，已作有《君臣契》三卷，《源解》三十卷，《江表四姓谱》八卷，《南北人物志》十卷，《吴兴历官记》三卷，《湖州刺史记》一卷，《茶经》三卷，《占梦》三卷等多种著

① 据陆羽《陆文学自传》，李昉等编《文苑英华》卷七九三，中华书局1966年影宋、明版。

② 《全唐诗》卷一一九录崔国辅《今别离》诗："送别未能旋，相望连水口。船行欲映洲，几度急摇手。"中华书局1979年版。

③ 如皇甫冉《送陆鸿渐栖霞寺采茶》："采茶非采菉，远远上层崖。布叶春风暖，盈筐白日斜。旧知山寺路，时宿野人家。借问王孙草，何时泛椀花。"皇甫曾《送陆鸿渐山人采茶回》："千峰待逋客，香茗复丛生。采摘知深处，烟霞羡独行。幽期山寺远，野饭石泉清。寂寂燃灯夜，相思一磬声。"皎然《访陆处士羽不遇》："太湖东西路，吴主古山前。所思不可见，归鸿自翩翩。何山赏春茗，何处弄春泉。莫是沧浪子，悠悠一钓船。"分见《全唐诗》卷二四九、卷二一〇、卷八一六。

述。①《茶经》是所有这些著述中唯一传存至今的著作。②

　　据现存资料及相关研究,《茶经》在唐代当有至少三种版本:①758—761 年的《茶经》初稿本;②764 年之后的《茶经》修改本;③775 年之后的《茶经》修改本。③ 而《茶经》在初稿撰成之后,即有流传,并产生影响。

　　《茶经》在 758—761 年完成初稿之后就广为流行(唯曾被人称名为《茶论》而已),据成书于 8 世纪末的唐封演《封氏闻见记》卷六《饮茶》载:

　　　　楚人陆鸿渐为《茶论》,说茶之功效,并煎茶、炙茶之法,造茶具二十四事以都统笼贮之,远近倾慕,好事者家藏一副。有常伯熊者,又因鸿渐之论广润色之。于是茶道大行,王公朝士无不饮者。御史大夫李季卿宣慰江南,至临淮县馆,或言伯熊善茶者,李公请为之。伯熊著黄被衫、乌纱帽,手执茶器,口通茶名,区分指点,左右刮目。茶熟,李公为歠两杯而止。既到江外,又言鸿渐能茶者,李公复请为之。鸿渐身衣野服,随茶具而入。既坐,教摊如伯熊故事,李公心鄙之,茶毕,命奴子取钱三十文酬煎茶博士。鸿渐游江介,通狎胜流,及此羞愧,复著《毁茶论》。④

　　御史大夫李季卿(? —767)宣慰江南,行次临淮县,常伯熊为之煮

----

　　① 《陆文学自传》。
　　② 本段及后文的部分内容据笔者《茶经校注·前言》,中国农业出版社,2006 年版。
　　③ 唐代的《茶经》今皆已不得见。北宋陈师道曾见有 4 种《茶经》版本当为唐五代以来的旧钞或旧刻,北宋未知有刻印《茶经》者,但诸家书目皆有著录,至南宋咸淳九年(1273),古鄮山人左圭编成并印行中国现存最早的丛书之一《百川学海》,其中收录了《茶经》,成为现存可见最早的《茶经》版本。
　　④ 关于李季卿与陆羽相见之情形,后于封演的张又新《煎茶水记》所记则截然不同,张文言"李素熟陆名,有倾盖之欢",且言李氏知道"陆君于茶,盖天下闻名矣",又记陆羽神鉴南零水,并为李氏品第天下诸水事。二者所记,有天地之悬,内中原由,及实情,尚待发现更多材料深入探究。

茶。而据两《唐书》记载，李季卿行江南在代宗广德年间（763—764），则常伯熊得陆羽《茶经》而用其器习其艺当更在 764 年之前。表明《茶经》在 758—761 年完成初稿之后即已流传，北方的常伯熊就得而观之，因而润色并以其中所列器具区分指点行演茶事。

皎然等唐人诗文中，文学化地记录了陆羽《茶经》在当时的影响。皎然《饮茶歌送郑容》"云山童子调金铛，楚人茶经虚得名"，① 用反语表现出当时陆羽《茶经》所负有的盛名；李中《赠谦明上人》"新试茶经煎有兴，旧婴诗病舍终难"，《晋陵县夏日作》"依经煎绿茗，入竹就清风"，② 表明当时人依照陆羽《茶经》煎茶修习茶事之况；僧齐己《咏茶十二韵》"曾寻修事法，妙尽陆先生"，③ 则称赞陆羽《茶经》穷尽了茶事的精妙。

宋人秦再思《纪异录》"饮必羽煎"④ 记录了智积师父"知茶"之事，言其自陆羽离寺后就不再喝茶，从侧面反映了陆羽茶艺的高超水平：

> 积师以嗜茶，久非渐儿供侍不卿口，羽出游江湖四五载，积师绝于茶味。代宗召入内供奉，命宫人善茶者以饷，师一啜而罢。上疑其诈，私访羽召入。翌日，赐师斋，俾羽煎茗，喜动颜色一举而尽。使问之，师曰，此茶有若渐儿所为也。于是叹师知茶，出羽见之。

因为在茶学、茶艺方面的成就，陆羽在生时就为人奉为茶神、茶仙。在与耿湋《连句多暇赠陆三山人》诗中，耿湋即称陆羽："一生为墨客，几世作茶仙。"⑤ 元辛文房《唐才子传》称陆羽《茶经》"言茶之原、之

---

① 《杼山集》卷七，《禅门逸书》初编，台北明文书局 1981 年影印明末虞山毛氏汲古阁刊本。

② 分见《全唐诗》卷七四七、七四九。

③ 《全唐诗》卷八四三。

④ 秦再思，约宋真宗咸平中前后在世，作《洛中记异录》十卷，又称《纪异录》，记唐五代及宋初杂事，南宋初年曾慥《类说》节录此书，另有明人刻"宋人百家小说·偏录家"本。此条未见曾慥《类说》著录，而见于北宋宣和时人董逌所编《广川画跋》卷二《书陆羽点茶图后》。董逌政和（1111—1118）年间官徽猷阁待制，宣和中以精于考据赏鉴擅名。

⑤ 《全唐诗》卷七八九。

法、之具，时号'茶仙'"，此后"天下益知饮茶矣"。

李肇《唐国史补》成书于唐穆宗长庆年间（821—824），离陆羽去世不过20年，就已经记载当时人们已将陆羽作为茶神看待："江南有驿吏以干事自任。典郡者初至，吏白曰：驿中已理，请一阅之……又一室署云茶库，诸茗毕贮。复有一神，问曰：何？曰：陆鸿渐也。"陆羽被人们视为茶业的行业神，经营茶叶的人们将陆羽像制成陶像，用来供奉和祈祀，以求茶叶生意的顺利："巩县陶者多瓷偶人，号陆鸿渐，买数十茶器得一鸿渐，市人沽茗不利，辄灌注之。"①

探究陆羽与《茶经》在唐代有如上影响的原因，大抵有三。

一是陆羽在茶叶方面的努力与成就，这是《茶经》能够影响广大深远的最根本原因。

其二是陆羽在文学等方面的成就与影响。时人权德舆《萧侍御喜陆太祝自信州移居洪州玉芝观诗序》中称陆羽"词艺卓异，为当时闻人"，所到之处都受到人们的热诚欢迎，"凡所至之邦，必千骑郊劳，五浆先馈"。② 陆羽在文学以及学术方面的修养是多方面的，"百氏之典学，铺在手掌"，③ 在地志、历史、文学方面都有为人称道的修养与成就。陆羽同时人独孤及《慧山寺新泉记》记"竟陵陆羽，多识名山大川之名"，④ 李肇认为陆羽"有文学，多意思，耻一物不尽其妙，茶术尤著"。⑤

其三是陆羽名士高友众多，"天下贤士大夫，半与之游"。⑥ 陆羽在少年时即得到竟陵太守李齐物的赏识，青年时与崔国辅交往三年，品茶论水，诗词唱和，有唱和诗集流传，"雅意高情，一时所尚"，文名、茶名初显。在江浙期间，更是高友众多，如以颜真卿为首的湖州文人高士群，还

---

① 分见《唐国史补》卷下、卷中。
② 《全唐文》卷四九〇。
③ 周愿《三感说》，见《文苑英华》卷三七一。
④ 《文苑英华》卷八二八。
⑤ 《唐国史补》卷中。
⑥ 周愿《三感说》。

曾到浙东越州与鲍防的浙东文人群体有过接触。甚至平交王侯，如他在浙西、江西时的文友权德舆后来曾位至宰相。晚年，陆羽还曾在岭南使李复幕中，① 与周愿等人为友，② 等等。

可以说，正是陆羽的文名与茶名相互促动，使其与所撰经典之著《茶经》自唐代问世以来就一直有着巨大的影响。

二、宋人对陆羽《茶经》的重视与评价

宋人对《茶经》的重视，首先表现在对《茶经》的多方征引。

自北宋初年乐史《太平寰宇记》起，宋代文人学者著书撰文，常见征引《茶经》内容。《太平寰宇记》记各地土产茶叶时，常引《茶经》内容，甚至有多处误将五代毛文锡《茶谱》引于《茶经》名下，从中亦可见《茶经》影响之大。北宋初年两部大型官修类书，对陆羽及其《茶经》都有足够的重视，李昉等《太平御览》卷八六七《饮食部二十五·茗》中，照录了《茶经》卷上"一之源"和"三之造"的绝大部分内容，李昉等《太平广记》卷二〇一《好尚》目下，有《陆鸿渐》一条，记录陆羽好尚茶事。欧阳修《大明水记》、《浮槎山水记》③ 二文论宜茶之水时，皆以陆羽《茶经》中所论为评水标准。④ 南宋朱熹讲禹贡地理有人问及三江、东南水势和"味别地脉"时，亦曾举陆羽之论为一大类"禹治水，不知是要水有所归不为民害，还是只要辨味点茶，如陆羽之流，寻脉踏地，如后世风水之流耶！"⑤

---

① 唐段公路《北户录》卷二记："贞元五年秋，番禺有海户犯盐禁者避罪于罗浮山，深入至第十三岭，遇巨竹……后献于刺史李复，复命陆子羽图而记之。"丛书集成初编本，商务印书馆 1936 年版。
② 周愿《三感说》："愿频岁与太子文学陆羽同佐公之幕，兄呼之。"
③ 分见《欧阳修全集》卷六四、卷四〇，中华书局 2001 年版。
④ 南宋黄震在其《黄氏日抄》卷六一中有言："《浮槎山记》取陆羽《茶经》善论水……"
⑤ 宋黎靖德编《朱子语类》卷七十九《尚书二》，中华书局 1986 年版。

其次是私家藏书以及官府藏书对于《茶经》的重视。

北宋文人私家藏有多种《茶经》版本，表明文人士夫对此书的重视。

据陈师道《茶经序》述其所见，北宋时至少可见有 4 个版本的《茶经》，当为唐五代以来的旧钞或旧刻，惜皆不可见。

> "陆羽《茶经》，家传一卷，毕氏、王氏书三卷，张氏书四卷，内外书十有一卷。其文繁简不同，王、毕氏书繁杂，意其旧文；张氏书简明与家书合，而多脱误；家书近古，可考正。自七之事，其下亡。乃合三书以成之，录为二篇，藏于家。"[①]

不过，虽然北宋以降公私刻书大盛，但多为大型类书及官定史书等，北宋时陆羽《茶经》未有见于刻印者。

南宋绍兴《秘书省续编到四库阙书目》是中国现存最早的国家书目之一，是秘书省访求秘阁阙藏图书的书目，内中有《茶经》，表明官府藏书对此书的重视。北宋以崇文馆为首的四馆书目《崇文总目》卷六中有"《茶记》二卷（阙)"，"钱侗以为《茶记》即《茶经》，周中孚《郑堂读书记》也说是'《茶经》三卷'的字误"，[②] 如是，则其实《茶经》在北宋时即已入国家书目。

因为两宋文人与官府藏书的重视，至少到南宋时，坊间也开始刊印《茶经》。南宋咸淳刊《茶经》是现存可见最早的《茶经》版本，咸淳九年(1273)，古鄮山人左圭编成并印行中国现存最早的丛书之一《百川学海》，其中收录了《茶经》，它也是此后刊行的绝大多数《茶经》版本所据的原始版本。可以说它保存了《茶经》的原始火种，使陆羽《茶经》茶文化得以薪火相传。两宋时期，中国的图书，是中日间经济文化交流的重要内容之一，现在可见最早的百川学海本《茶经》，日本公私两家也至少有两部以上的收藏。[③]

---

① 见《后山集》卷一一，四库全书本。

② 万国鼎《茶书总目提要》，载《农业遗产研究集刊》第一册，中华书局 1958 年版。

③ 布目潮渢《中国茶书全集》收录有日本宫内厅藏百川学海本《茶经》。

因为两宋众多文人士大夫对陆羽《茶经》皆有推重，自两宋起，陆羽《茶经》成为文人士大夫心目中茶事与茶文化的代表形象，成为重要的文学意象与文化符号。

宋代，陆羽《茶经》成为文学创作中的一个重要意象，被视为茶事活动及茶文化的指归。读写《茶经》成为茶事文化活动的代名词，而续写《茶经》则成了文人们在参与茶事文化活动时心目中的一个理想。如林逋写建茶"人间绝品人难识，闲对茶经忆古人"，① 辛弃疾《六么令·用陆羽氏事，送玉山令陆隆德》"送君归后，细写茶经煮香雪"。② 而苏轼在看了南屏谦师的点茶之后，作诗赞曰"东坡有意续茶经，会使老谦名不朽"；③ 在饮用虎跑泉水点试的茶汤之后，欲"更续茶经校奇品，山瓢留待羽仙尝"。④ 杨万里《澹庵座上观显上人分茶》则谦逊地认为胡铨当去调理国事，分茶之类的茶文化活动则交给他自己："汉鼎难调要公理，策勋茗碗非公事。不如回施与寒儒，归续茶经传衲子。"⑤ 陆游亦有诗谓："续得茶经新绝笔，补成僧史可藏山。"等等。

陆羽在江东称竟陵子，居越后号桑苎翁，⑥ 两宋文人们常以桑苎指陆羽，如李昂英《满江红》："却坐间著得，煮茶桑苎。"⑦ 张炎《风入松·酌惠山泉》："当时桑苎今何在。"⑧ 最为著者，是南宋陆游，他因与陆羽同姓，便将关心茶事视作"桑苎家风"，如《八十三吟》："桑苎家风君勿笑，他年犹得作茶神。"⑨

陆羽《茶经》影响了宋代茶文化与茶业的发展，使之达到农耕社会的

---

① 《监郡吴殿丞惠以笔墨建茶各吟一绝以谢之·茶》，《全宋诗》卷一〇八，北京大学出版社，1991年版。

② 《全宋词》第三册第1877页，中华书局。

③ 《送南屏谦师》，《全宋诗》卷八一四。

④ 苏轼《虎跑泉》，《全宋诗》卷八三一。

⑤ 《诚斋集》卷二。

⑥ 《唐国史补》卷中。

⑦ 《全宋词》第四册第2872页。

⑧ 《全宋词》第五册第3514页。

⑨ 见《剑南诗稿》卷七〇。

鼎盛。对此，宋人即有明确的认知，宋欧阳修《集古录》："后世言茶者必本陆鸿渐，盖为茶著书自其始也。"梅尧臣《次韵永叔尝新茶》"自从陆羽生人间，人间相学事春茶"，[①] 看到并肯定了陆羽对一种全新的茶文化的发端作用。

三、明清以来《茶经》的刊刻与流传

明清之际，陆羽《茶经》影响的一个重要表征，是《茶经》的多次刊刻印行，而且出现了众多的版刻形式。

现在可见明刊《茶经》约 26 种，值得注意的是出现了多种刊刻形式。有最初的递修重刻《百川学海》本，如无锡华氏《百川学海》本，莆田郑氏文宗堂《百川学海》本等，仍是丛书本。

明嘉靖二十一年（1542）的竟陵本首开《茶经》单行本之先河，[②] 在《茶经》刊刻形式的变化中有着重大意义。此前可见的几种《茶经》版本，都是丛书中的，至此，出现了单刻本的形式——虽然其所本是《百川学海》本，但独立刊行，意味着人们对于《茶经》一书的特别看重，彰显了《茶经》的独立价值。

竟陵本在《茶经》刊刻内容方面的变化中也有着重大意义。此前的几种《百川学海》本《茶经》，都有内容相同的小注，为陆羽之原注，笔者将它们称之为"初注"。而竟陵本在初注之外，出现了新增加的注，称之为"增注"。增注内容大致可分为以下几个方面：一是对传抄过程中出现的疑误字词的校订，二是新增加的注音和释义。这些都是对《茶经》版本的校勘和音义注释，可以说是对《茶经》进行的最早的研究。而竟陵本与前几种《百川学海》本内容在正文部分的不同，也是现在进行《茶经》版本校勘的重要内容。

---

① 梅尧臣《次韵和永叔尝新茶杂言》，《全宋诗》卷二五九。
② 中国国家图书馆有藏，然其书目称为嘉靖二十二年本。

在《茶经》正文与注释之外，竟陵本增刻相关附录内容，也是《茶经》刊刻在内容与形式方面的重大变化。一是前朝与时人为《茶经》所作的序；二是史书中的陆羽传记内容；三是主要与《茶经》五之煮论水内容有关的《水辨》；四是诗集，包括前朝名人，与当朝竟陵名人，所写与陆羽、与《茶经》，与茶有关的诗什；五是与此番刊刻《茶经》有关的跋文。这些内容，既是对《茶经》与陆羽的研究，也是陆羽茶文化的主要内容组成部分，又成为后世研究陆羽茶文化的重要内容。

竟陵本影响所及，一是此后的明代刻本（除删节本外）皆有内容大致相同的增注，二是明万历年间及以后出现了七种《茶经》独立刊本，其中的一种郑熜校刻本，对日本翻刻《茶经》影响甚深，日本现今可见至少有三种郑熜校刻本的翻刻本。[①]

除增注、增刻本外，明代还出现了两种删节本《茶经》，即乐元声倚云阁本、王圻《稗史汇编》本，也是一种比较有趣的现象，值得研究。

清以来，除了陆羽乡邦竟陵所刻的两种独立刊本外，刊行的《茶经》都为丛书本，而且简单翻刻重印成为主流，特别是民国以后，由于克罗版技术，简单重印更是流行。

《茶经》在明清两代，还有一个显著的影响，就是对一些茶书体例的影响。比如陈鉴《虎丘茶经注补》、陆廷灿《续茶经》，直接采用《茶经》一之源、二之具等篇目，增补内容。

据笔者的不完全统计，自南宋咸淳百川学海本《茶经》起，至20世纪中叶，现存传世《茶经》有约60多个版本，加上已经看不到的不下于70个版本，其中绝大部分皆刊行于明清两代。日本对《茶经》亦有多种收藏和翻刻（参见文后所附《茶经》版本一览表）。一直以来，除了儒家经典与佛道经典外，没有什么其他著作像《茶经》这样被翻刻重印了如此众多的次数，从中我们既可见到茶业与茶文化的历史性繁荣，也可见到《茶经》的影响。

---

① 一是江户春秋馆翻刻本，二是宝历戊寅（八年，1758）夏四月翻刻本，三是天保十五年（1844）甲辰京都书肆翻刻本。

四、海外多种语言的《茶经》翻译

海外有多种语言文字的《茶经》译本，从这一现象中，也可以看到《茶经》的影响。据笔者的不完全了解，多年以来，特别是到 20 世纪后半期，海外共有日、韩、德、意、英、法、俄、捷克等多种文字《茶经》版本刊行。这对于中国传统文化的经典来说，也很罕见。除了儒家与道家的少量经典之外，也是不曾有什么个别经典有过如此众多的文字翻译印行流传。

多种文字版本中，日文本《茶经》版本最多。据日本学者统计，有 1774 年的大典禅师《茶经详说》本，20 世纪的东京三笠书房刊《茶经》三卷本 (1935)、藤门崇白《茶经》、大内白月《茶经》、诸冈存《茶经评译》二卷 (茶业组合中央会议所，1941)、盛田嘉穗《茶经》(河原书店，1948)、《茶道古典全集》译注本 (淡交社，1957)、青木正儿《中华茶书》本 (春秋社，1962)、福田宗位《中国の茶书》本 (东京堂，1974)、林左马卫《茶经》本 (明德出版社，1974)、布目潮沨《中国茶书》本，到 21 世纪初年的布目潮沨《茶经详解》本 (淡交社，2001 年)。①

英文译本亦有数种。最早的当系 *Britannica Encyclopedia* (1928) 中的节译本。② William H. Ukers 所著 *All About Tea*③ 中的《茶经》虽亦系节译本，但只有四之器、七之事、八之出的部分内容为节译和意译，而且文句典雅，颇有可取。而由美国 Francis Ross Carpenter 所译 *The Classic of Tea*④ (1974，1995) 则为全译本，但为学者评为非严谨学术之作，为

---

① 成田重行《茶圣陆羽》第 71 - 72 页，淡交社 1998 年版。

② 据欧阳勋《〈茶经〉版本简表》，载氏著《陆羽研究》，湖北人民出版社，1989 年版。

③ New York：Tea and Coffee Trade Journal Company，1935. Martino Pub，2007 再版。

④ Boston，MA：Little，Brown & Co，1974，New Jersey，The Ecco Press，1995 reprint of 1974 edition。

通俗水平译作，不过其中由 Demi Hitz 所绘的插图，虽有所据仍颇为精彩独特。

　　韩国也有数种《茶经》韩文译本：徐廷柱译《茶经》（1980），① 金云学《韩国之茶文化》（1981）② 书中将陆羽《茶经》全书译成韩文；李圭正译《茶经》（1982），③ 金明培《茶经译注》（1983）收录于氏著《韩国之茶书》，④ 郑相九译《茶经精解》（1992），⑤ 等。

　　此外尚有多种欧洲文字的《茶经》译本。其中法文《茶经》有两种，一是由 Jean Marie Vianney 翻译的 Le Classique Du Thé⑥ （1977，1981）；一是由 Véronique Chevaleyre 翻译、Vincent - Pierre Angouillant 插图的 Le Cha jing ou Classique du thé⑦ （2004）。意大利文本《茶经》，为意大利汉学家威尼斯大学东亚系教授马克·塞雷萨 （Marco Ceresa） 所译，IL Canone Del Tè⑧ （1990），条目清晰，引用书目史料繁多。德文本《茶经》，Das Klassische Buch vom Tee⑨ （2002），系由中德学者 Dr. Jian Wang 和 Karl Schmeisser 共同翻译，其中部分内容特别是所附插图参详了现有的研究成果。还有由 Olga Lomová 所译的捷克文本《茶经》（2002），Klasická Kniha o čaji;⑩ 亚历山大·加布耶夫 （Александра Габуева）、尤莉亚·德列伊齐基斯 （Юлии Дрейзис） 译注的俄文本《茶经》（2007），Лу Юй: Канон чая；перевод с древнекитайского，

　　①　발행자미상，1980 年。
　　②　《韩国의茶文化》，首尔，玄岩社，1981 年。该书于 2004 年重新出版，한국의 차문화，김운학 지음，서울：이른아침。
　　③　백양출판사 （白羊出版社），1982 年。
　　④　《韩国의茶书》，首尔，探求堂，1983 年。
　　⑤　内外新书，1992 年。
　　⑥　Morel，Paris 1977。1981 年再版为 Le classique du thé: la manière traditionnelle de faire le thé et de le boire，Deslez，Westmount，Quebec 1981。
　　⑦　Gawsewitch，Paris 2004。
　　⑧　Leonardo，novembre 1990。
　　⑨　Styria，2002。
　　⑩　Praha：DharmaGaia，2002。

введение и комментарии,① 等。

如此众多外文译本，表明《茶经》作为中国文化代表之一的影响之巨。

而进一步探究一下，还可以发现，《茶经》文本语言的国际化过程，与茶文化的世界化过程颇为吻合。日本《茶经》文本的众多，一是体现了中日茶文化交流的历史悠久与程度深厚，二是体现了第二次世界大战以后，日本茶文化与产业的复兴过程中，陆羽《茶经》依然得到充分的重视。韩文本《茶经》集中出现于 20 世纪 80～90 年代特别是 80 年代，与韩国经济文化的振兴同步。而欧美多种语言《茶经》在 20 世纪的陆续出现，正是茶饮与相关文化在世界逐步传播的过程的伴生物。William H. Ukers 所著 *All About Tea* 是其为当时所风行的茶饮与咖啡之饮所作研究的两部巨著之一，而此后陆续所出的《茶经》欧美文字译本，则是 20 世纪后半期以来，茶饮与文化交流乃至研究日渐扩大与深化之下，应运而生的。

五、海内外相关研究所见《茶经》的影响与意义

20 世纪 70～80 年代以来，随着茶叶及茶饮经济总量增加的历史趋势，随着茶文化在中国台湾及大陆地区的渐次复苏，以及日本茶道文化在国际上的传播，海内外对于《茶经》的研究成果也日益众多。它们是陆羽《茶经》影响深入化的表现，兹列举部分如下：邓乃朋《茶经注释》，② 张芳赐等《茶经浅译》，③ 傅树勤、欧阳勋《陆羽茶经译注》，④ 蔡嘉德、吕

---

① Москва: Гуманитарий（莫斯科，人文出版社），2007。
② 贵州省湄潭茶叶科学研究所，1980 年版。
③ 云南人民出版社，1981 年版；云南科技出版社，2004 年第二版。
④ 湖北人民出版社，1983 年版。

维新《茶经语译》，① 吴觉农主编《茶经述评》，② 周靖民《陆羽茶经校注》，③ 林瑞萱《陆羽茶经讲座》，④ 程启坤、杨招棣、姚国坤《陆羽茶经解读与点校》，⑤ 布目潮沨《茶经详解》，⑥ 沈冬梅《茶经校注》，⑦ 等等。

特别值得提出的是中国台湾张宏庸，对陆羽与《茶经》方方面面的资料做了比较完整的搜集整理工作，计已出版的有《陆羽全集》对于存世陆羽作品的辑校、《陆羽茶经丛刊》对于《茶经》古代刊本的搜录、《陆羽茶经译丛》对于《茶经》外文译本的收录、《陆羽书录》的总目提要、《陆羽图录》的相关文物图录，以及《陆羽研究资料汇编》对于陆羽相关史料文献的搜集整理。⑧

综览海内外的这些研究成果，有如下一些特点：

(1) 作者专业日益广泛，涵盖了从茶学到历史、文化乃至医药等诸多学科的学者。

(2) 研究内容全面丰富，从茶学，到文献学（版本校勘考订、释义和疑难探索），到历史、文化、社会、经济、茶叶地理、地方文化、茶医药，等等，无所不包，并且日益细致。

(3) 研究方法和理念日益更新和丰富。

六、《茶经》对茶文化的影响

上述《茶经》版本与不同语言文字刊本的众多，关于陆羽《茶经》研究论著的众多，只是《茶经》影响的比较易见的表面现象。《茶经》的内

---

① 农业出版社，1984 年版。
② 农业出版社，1987 年第一版，中国农业出版社，2005 年修订版。
③ 湖南出版社《中国茶酒辞典》附录，1992 年版。
④ 台北武陵出版公司，2000 年版。
⑤ 上海文化出版社，2003 年版。
⑥ 淡交社，2001 年版。
⑦ 中国农业出版社，2006 年版；台北宇河文化出版有限公司，2009 年版。
⑧ 台北：茶学文学出版社，"陆羽丛书"六种，1985 年版。

在影响实质影响，表现在它对中国茶文化、中国文学，乃至中国传统文化的影响中。

相当时间以来，有不少人（甚至包括业内的人士）因为不详细审读《茶经》不了解《茶经》中有关茶道茶文化的论述，因而看轻中国茶文化水平、不认为中国有茶道。如果仔细研读《茶经》，可以看到茶道、茶文化的几乎所有元素都在《茶经》中提出了。

其一，《茶经》书名以"经"名茶，表明陆羽对茶有着"道"的追求。

陆羽是一个被遗弃的孤儿，为唐代名僧智积收养在龙盖寺。陆羽在寺院里学文识字，习诵佛经，还学会煮茶等事务。但他不愿皈依佛法，削发为僧，因而逃出龙盖寺，为维持生计到戏班里演戏写戏做了"伶人"。唐代法律规定包括伶人在内的"工商杂类"是不允许取得和士大夫一样的社会地位的。[①] 所以陆羽的"伶人"经历对他想通过科举进入士大夫阶层的道路障碍很大。但不能通过科举入仕并未阻止陆羽对社会的关注，以及他要对社会有所作为的理想。

魏晋以降，门阀制度解体，原来主要存在于世家大族中的礼仪开始向帝王之礼和国家之礼转移。初唐至盛唐盛行制定礼仪的历史潮流。在开天盛世时期出生的陆羽自然深切地感受到了这一潮流。在无缘进入庙堂参与国家制度仪礼制定的情况下，陆羽撰著了以"经"名茶的《茶经》，用茶的品质、礼仪规范个人行为，希望给社会提供关于个人的行为之礼。

其二，茶之有道，首先是和人的美好品德修养联系在一起。

《茶经·一之源》中说"茶之为用，味至寒，为饮，最宜精行俭德之人"，[②] 首次把"品行"引入茶事之中。在《茶经》中，茶不是一种单纯的嗜好物品，茶的美好品质与品德美好之人相配，强调事茶之人的品格和

---

① 唐高祖于武德二年（619）颁布律令："工商杂类，无预士伍。"（《资治通鉴》卷一九○）而"杂户者，……元与工、乐不殊，俱是配隶之色。"（《唐律疏议》卷三《名例》）陆羽虽未入乐籍，但他曾在"伶党"处的经历似乎已经注定他不可能通过正常的科举途径进入士流。

② 见笔者《茶经校注》，以下引《茶经》原文皆同，不复出注。

思想情操，把饮茶看作"精行俭德"之人，进行自我修养，锻炼志趣、陶冶情操的方法。

其三，《茶经》所体现的陆羽茶道包括如下几方面内容：

（1）饮茶需用全套茶具。茶道艺与完整成套的茶器具是密不可分的，陆羽在《茶经》卷中《四之器》篇详细介绍了各种茶具的尺寸、材质、功能甚至装饰，包括生火、煮茶、烤碾罗取茶、盛取盐、盛取水、饮用、清洁和陈设等八大方面，二十四组二十九件茶具。大者厚重如风炉，小者轻微如拂末、纸囊，无一不备。

在《九之略》的最后，陆羽又特别提出强调"城邑之中，王公之门，二十四器阙一，则茶废矣"。即在有庙堂背景的贵胄之家和文人士大夫集中生活的城市里，也就是在社会文化的重要承载者那里，二十四组二十九件茶具缺一不可，全套茶具一件都不能少，否则茶道艺就不存在了。

（2）完整的煮饮茶程序。《茶经·五之煮》系统介绍了唐代末茶煮饮程序：炙茶→碾罗茶→炭火→择水→煮水→加盐加茶粉煮茶→育汤华→分茶入碗→热饮。同时强调，只有能解决饮茶过程中的"九难"：造茶、别茶、茶器、生火、用水、炙茶、末茶、煮茶、饮茶，即从采摘制造茶叶开始直至饮用的全部过程的所有问题，也即是若能按照《茶经》所论述的规范去做，才能尽究饮茶的奥妙。

（3）相关的思想理念。①匡时济世。陆羽在《四之器》中以自己所煮之茶自比伊尹治理国家所调之羹，表明了他对茶可以凭借《茶经》跻入时世政治从而有助于匡时济世的向往与抱负。②社会和平。这体现在陆羽所设计的风炉上。风炉凡三足，一足之上书"圣唐灭胡明年铸"，表明陆羽对社会和平的向往。③和谐健体。风炉一足之上书"坎上巽下离于中"，一足之上书"体均五行去百疾"，五行相生均衡协调，表明通过茶对自然和谐、养身健体的追求。④讲求茶具与茶汤的相互协调映衬。陆羽在《四之器》中通过对茶碗的具体论述表达出来的对于器具与茶汤效果的谐调与互相映衬的观念，可以说是择器的根本原则，对于现在的择器配茶、茶席茶会设计，至今仍有指导意义。

其四，自然主义的关照。

陆羽在《茶经》中多处表达了他朴实的自然主义、实用主义思想。他认为茶叶"野者上，园者次"，造茶饮茶用具，多为木、竹、铁等质地。同时，无论是自然也好，还是朴实实用也好，都是以不能损害茶味为前提，如煮水所用燃料，即不可随便，最为要用者是炭，"次用劲薪"。而"曾经燔炙，为膻腻所及"的炭材，与"膏木、败器"等都不可用，因为这些材料都会污染茶水之味。所有这些可以给现代的人们的启示是：对茶叶的过度加工和对器具的过度追求，都是不必要的，它们或者会损害茶味品质甚至人体健康，或者会伤及事茶之人的"精行俭德"。

其五，诚实客观的态度。

陆羽在《茶经》"一之源"中指出，茶叶对人体有好处，也可能产生危害。茶如人参，上等才有作用，一般的效用会降低一些，差的没有效用；假冒伪劣的，对人有损害。而在"八之出"中，对于熟悉者详细记之，不熟者则客观诚实地言以"未详"，再次体现了陆羽客观诚实的科学态度。

陆羽对茶叶客观诚实、实事求是的态度，也是《茶经》茶道茶文化的体现之一，用现代的词语来说就是"科学主义"的态度与精神，在大力宣扬茶的同时，对其中可能存在的问题绝不回避、绝不虚词掩饰，这对后人永远都有垂范作用。

综观世界茶文化历史的发展，可以看到，陆羽《茶经》为后世包括中国在内的世界各地茶文化茶道艺的发展，提供了全面的蓝本。

七、历代评价所见《茶经》影响与意义

陆羽《茶经》是世界上第一部关于茶的专门著作，被奉为茶文化的经典，在茶文化史上占有无可比拟的重要地位。《茶经》在《新唐书·艺文志·小说类》、《通志·艺文略·食货类》、《郡斋读书志·农家类》、

《直斋书录解题·杂艺类》、《宋史·艺文志·农家类》等书中，① 都有著录。

历来为《茶经》作序跋者很多，今可考者计有十七种②：①唐皮日休序③（实为皮氏《茶中杂咏》诗序，后世刻《茶经》者多迻为《茶经》序，今仍之），②宋陈师道《茶经序》，③明嘉靖壬寅鲁彭《刻茶经叙》④，④明嘉靖壬寅汪可立《茶经后叙》⑤，⑤明嘉靖壬寅吴旦《茶经跋》⑥，⑥明嘉靖童承叙跋⑦，⑦童承叙《童内方与梦野论茶经书》⑧（因其经常为刻《茶经》者列为后论，故也列入序跋内容），⑧明万历戊子陈文烛《茶经序》⑨，⑨明万历戊子王寅《茶经序》⑩，⑩明李维桢《茶经序》⑪，⑪明张睿卿《茶经跋》⑫，⑫明徐同气《茶经序》⑬，⑬明乐元声《茶引》⑭，⑭清徐𥱬《茶经跋》⑮，⑮清曾元迈《茶经序》⑯，⑯民国常乐《重刻陆子茶

　　① 分见《新唐书》卷五九、《通志》卷六六、《郡斋读书志》卷三上、《直斋书录解题》卷十四、《宋史》卷二〇五。
　　② 程光裕《茶经考略》著录八种：1. 皮日休序，2. 陈师道序，3. 陈文烛序，4. 王寅序，5. 李维桢序，6. 张睿卿跋，7. 童承叙跋，8. 鲁彭序。张宏庸《陆羽全集》著录十四种：1. 皮日休序，2. 陈师道序，3. 鲁彭序，4. 李维桢序，5. 徐同气序，6. 王寅序，7. 陈文烛序，8. 曾元迈序，9. 常乐序，10. 童承叙跋，11. 童内方与梦野论茶经书，12. 吴旦书茶经后，13. 张睿卿跋，14. 新明跋。
　　③ 《松陵集》卷四。
　　④ 明嘉靖二十一年柯双华竟陵本《茶经》刻序。
　　⑤⑥ 明嘉靖二十一年竟陵本《茶经》跋。
　　⑦ 即童承叙《陆羽赞》，明嘉靖二十一年竟陵本《茶经》附《茶经本传》。
　　⑧ 明嘉靖二十一年竟陵本《茶经》之《茶经外集》附。
　　⑨ 明程福生竹素园本《茶经》刻序。
　　⑩ 明孙大绶秋水斋本《茶经》刻序。
　　⑪ 明万历喻政《茶书》卷首，清徐国相、宫梦仁纂修《康熙湖广通志》卷六二《艺文·序》、民国西塔寺本《茶经》卷首附刻旧序，皆录此序。
　　⑫ 明万历喻政《茶书》著录《茶经跋》。
　　⑬ 清葛振元、杨钜纂修《光绪沔阳州志》卷一一《序》。
　　⑭ 明乐元声倚云阁本《茶经》刻序。
　　⑮ 康熙七年（1668）《景陵县志》卷十二《杂录》。
　　⑯ 清仪鸿堂本《茶经》刻序。

经序》①，⑰民国新明《茶经跋》②。另有日本刊《茶经》序三种。

历代诸家序跋中，对陆羽及所著《茶经》多有高度的评价，如：

唐末皮日休作《〈茶中杂咏〉序》即认为陆羽与《茶经》的贡献很大："岂圣人之纯于用乎？草木之济人，取舍有时也。季疵始为三卷《茶经》，由是……命其煮饮之者，除痟而疠去，虽疾医之，不若也。其为利也，于人岂小哉！"

宋陈师道《茶经序》："夫茶之著书自羽始，其用于世亦自羽始，羽诚有功于茶者也。上自宫省，下迨邑里，外及戎夷蛮狄，宾祀燕享，预陈于前，山泽以成市，商贾以起家，又有功于人者也，可谓智矣。"

明陈文烛在《茶经序》中甚至以为："人莫不饮食也，鲜能知味也。稷树艺五谷而天下知食，羽辨水煮茗而天下知饮，羽之功不在稷下，虽与稷并祠可也。"

而明童承叙在《陆羽赞》中则认为陆羽"惟甘茗荈，味辨淄渑，清风雅趣，脍炙古今"。

明徐同气《茶经序》认为："经者，以言乎其常也……凡经者，可例百世，而不可绳一时者也……《茶经》则杂于方技，迫于物理，肆而不厌，傲而不忏，陆子终古以此显，足矣。"

从中可见陆羽《茶经》历史影响的深刻与悠远。

总的来说，陆羽《茶经》不仅"诚有功于"中国茶业与茶文化，乃至中国社会文化传统，也影响到了世界其他地区的茶业与文化。日本的茶道、韩国的茶礼，近年在东亚及南亚许多地区盛行、流风余韵波及北美及欧陆的茶文化，都是在陆羽及其《茶经》的影响下，渐次发生的文化交流与传播。而茶叶成为世界三大非酒精饮料之一的成就，也离不开陆羽《茶经》的肇始之功。

---

① 民国西塔寺本《茶经》刻序。
② 民国西塔寺本《茶经》跋。

附：《茶经》版本一览表

	版　　本	分　　类
1	南宋左圭编咸淳九年（1273）刊百川学海本	丛书本、初注本
2	明弘治十四年（1501）华珵刊百川学海递修本	丛书本、初注本
3	明嘉靖十五年（1536）郑氏文宗堂刻百川学海本	丛书本、初注本
4	明嘉靖二十一年（1542）柯双华竟陵本	独立刊本、增注本
5	明万历十六年（1588）程福生竹素园陈文烛校本	独立刊本、增注本
6	明万历十六年孙大绶秋水斋刊本	独立刊本、增注本
7	明万历二十一年（1593）胡文焕百家名书本	丛书本、增注本
8	明万历二十一年（1593）汪士贤山居杂志本	丛书本、增注本
9	明万历三十一年（1603）胡文焕格致丛书本	丛书本、增注本
10	明郑熜校刻本（中国国家图书馆书目称"明刻本"）	独立刊本、增注本
11	明程荣校刻本	独立刊本、增注本
12	明万历四十一年（1613）喻政《茶书》本	丛书本、增注本
13	明郑德征、陈銮宜和堂本	独立刊本、增注本
14	明重订欣赏编本	丛书本、增注本
15	明乐元声倚云阁刻本	独立刊本、删节本
16	明益王涵素《清媚合谱·茶谱》本	丛书本、增注本
17	明汤显祖玉茗堂主人别本茶经本	独立刊本、增注本
18	明锺人杰、张遂辰辑明刊唐宋丛书本	丛书本、增注本
19	明人重编明末刊百川学海辛集本	丛书本、增注本
20	明人重编明末刊百川学海本（中国国家图书馆明百川学海 4 册本）	丛书本、增注本
21	明人重编明末刊百川学海本（中国国家图书馆明百川学海 36 册本）	丛书本、增注本
22	明桃源居士辑《五朝小说大观》本	丛书本、增注本
23	明冯犹龙辑明末刻《唐人百家小说》五朝小说	丛书本、增注本
24	明刻本	丛书本、增注本

（续）

	版　　本	分　　类
25	明代王圻《稗史汇编》本	丛书本、删节本
26	宛委山堂说郛本，元陶宗仪辑，清顺治三年（1646）两浙督学李际期刊行	丛书本、增注本
27	古今图书集成本，清陈梦雷、蒋廷锡等奉敕编雍正四年（1726）铜活字排印	丛书本、增注本
28	清雍正七年（1729）仪鸿堂《陆子茶经》本王淇释	独立刊本、增释本
29	清雍正十三年（1735）陆廷灿寿椿堂《续茶经》之《原本茶经》本	附刻本、增注本
30	文渊阁四库全书本，清乾隆四十七年（1782）修成	丛书本、初注本
31	清乾隆五十八年（1793）陈世熙辑挹秀轩刊唐人说荟本	丛书本、增注本
32	清张海鹏辑嘉庆十年（1805）虞山张氏照旷阁刊学津讨原本	丛书本、初注本
33	清王文浩辑嘉庆十一年（1806）刻唐代丛书本	丛书本、增注本
34	清嘉庆十三年（1808）纬文堂刊唐人说荟本（据张宏庸著录）	丛书本、增注本
35	清道光元年（1821）《天门县志》附《陆子茶经》本	附刻本、增释本
36	清吴其浚植物名实图考长编本，道光刊本	丛书本、初注本
37	清道光二十三年（1843）刊唐人说荟本	丛书本、增注本
38	清同治八年（1869）右文堂刻唐人说荟三集本	丛书本、增注本
39	清光绪十年（1884）上海图书集成局印扁木字古今图书集成本	丛书本、增注本
40	清光绪十六年（1890）同文书局影印古今图书集成原书本	丛书本、增注本
41	清光绪间陈其珏刻唐人说荟三集本	丛书本、增注本
42	清宣统三年（1911）上海天宝书局石印唐人说荟本	丛书本、增注本
43	国学基本丛书本，民国八年（1919）上海商务印书馆印植物名实图考长编本	丛书本、增注本
44	民国十年（1921）上海博古斋景印明弘治华氏本百川学海本	丛书本、增注本

（续）

	版　　本	分　　类
45	民国十一年（1922）上海扫叶山房石印唐人说荟本	丛书本、增注本
46	民国十一年（1922）上海商务印书馆景印学津讨原本	丛书本、初注本
47	民国十二年（1923）卢靖辑沔阳卢氏慎始斋刊湖北先正遗书子部本	丛书本、初注本
48	五朝小说大观本，民国十五年（1926）上海扫叶山房石印本	丛书本、增注本
49	民国十六年（1927）陶氏涉园景刊宋咸淳百川学海本	丛书本、初注本
50	民国十六年（1927）张宗祥校明钞说郛涵芬楼刊本	丛书本、无注本
51	民国（1933）西塔寺常乐刻《陆子茶经》本（桑苎庐藏版）	独立刊本、无注本
52	民国二十三年（1934）中华书局影印殿本古今图书集成本	丛书本、增注本
53	万有文库本，民国二十三年（1934）上海商务印书馆印植物名实图考长编本	丛书本、初注本
54	民国上海锦章书局石印《唐代丛书》本	丛书本、增注本
55	民国胡山源《古今茶事》本，世界书局 1941 年	丛书本、增注本
56	丛书集成初编本	丛书本、初注本
57	清嘉庆十三年（1808）刻王谟辑《汉唐地理书钞》本	
58	文房奇书本	
59	吕氏十种本	
60	小史集雅本	
61	明张应文藏书七种本	
62	日本江户春秋馆翻刻明郑熜校本	独立刊本、增注本
63	日本宝历戊寅（八年，1758）夏四月翻刻明郑熜校本	独立刊本、增注本
64	日本天保十五年（1844）甲辰京都书肆翻刻明郑熜校本	独立刊本、增注本

沈冬梅　中国社会科学院历史研究所研究员，从事中国古代历史和茶文化研究，主要著作：《茶与宋代社会生活》(中国社会科学出版社，2007年)，《茶经校注》(中国农业出版社，2006年)，《中国古代茶书集成》(合作校注，上海文化出版社，2010年)等。

唐代陆羽《茶经》的经典化历程
——以学术传播和接受为视野

余　悦

　　面对全球化浪潮和学界的喧嚣，面对网络寻找资料的便捷与学风的浮躁，学术研究强调"阅读原典"，学术探讨注重"重释经典"，显然有其重要性和迫切性。作为中国也是世界上第一本茶书的唐代陆羽《茶经》，是理应关注的"原典"，也被学界视为茶书的"经典"。因此，考察和还原陆羽《茶经》经典化的历程，在当代的学术环境和学术构架下，也就有其独特的学术史意义。本文试图从学术传播和接受的视野，以书面文本为依据，重现陆羽《茶经》经典化的历程及其学术启示。

一

　　唐代陆羽《茶经》被有的人认为一贯是指经典性著作，这种解读未必是准确的。在中国的语言文字体系，"经"是个多义词，既包括"经典"，也包括"经籍"。所谓"经典"，是指四书、五经等儒家经典，也泛指各宗教宣扬教义的根本性著作。所谓"经籍"，既指经书，也泛指古代的图书。而记述某一事物、技艺的专书，如《山海经》、《本草经》等之"经"与"经典"之"经"还是有差异性的。

　　唐代陆羽《茶经》之"经"，原意只是泛指图书的"经籍"，并非指具有权威性著作的"经典"。这一点，在《茶经》历代图书分类的归属中就很清楚：《新唐书·艺文志》纳入小说类，《通志·艺文略》纳入食货类，《郡斋读书志》纳入农家类，《直斋书录解题》纳入杂艺类，《宋史·艺文志》则纳入农家类。而且，陆羽对于《茶经》的功用，在"十之图"中写得很清楚："以绢素或四幅或六幅，分布写之，陈诸座隅，则茶之源、之具、之造、之器、之煮、之饮、之事、之出、之略目击而存，于是《茶经》之始终备焉。"这种做法，有点类似现代的教学挂图，显然是作为普及茶事教科书用的。

之所以作这样的判断，是基于历史文献所展现出的事实。陆羽《茶经》由"经籍"到"经典"的历程，正是从"原真"向"提升"的发展，是由其初始的普及作用向更高深的沉淀价值的转化，也是著作由个人写作动机向阅读深层阐释的结晶。这是一种文化的现象，也是一种学术的轨迹。

作为学术传播和接受直接的文献，最重要的是同一著作在不同时期的版本，以及附着在其间的多种文化信息。陆羽著《茶经》的时间，虽然各家说法不一，有 760 年，764 年，775 年之说，但大体说来，应是上元元年（760）写作初稿，大历十年（775）前后修订补充，建中元年（780）刊刻于世。[①] 但是，时至今日，不仅唐代版本不得见，即使其后的五代时期版本也无法目睹。中国的雕版印刷，有汉朝说、东晋说、六朝说、隋朝说、唐朝说、五代说、北宋说。一般认为，唐朝说应该是确切无疑的，因为有敦煌发现的唐咸通本《金刚经》等实物佐证。当时刻本的地点广及长安、洛阳、越州、扬州、江东、江西、益州，刻本内容涉及经部、史部、子部、集部、宗教书，还有其他印刷。[②] 据此推测，陆羽《茶经》唐代有刊本问世，应该是有依据的。当然，初稿本和修改本也可能以抄本作为重要的传播方式之一。因为当时毕竟印书颇为不易，能够拥有一部书也是奢侈。

然而，陆羽《茶经》在唐代传播与接受的过程中发生过什么，似乎难于考察。有一条学界常常引用的资料，我们如果从传播与接受的角度来解读，也许会有新的体会。成书于 8 世纪末的唐代封演《封氏闻见记》卷六

---

① 我发表在《茶博览》有关唐代茶书的文章即持此说，写作《茶路历程·中国茶文化流变简史》（光明日报出版社，1999 年 8 月出版）时又重申此观点。

② 张秀民《中国印刷史》第一章"雕版印刷术的发明与发展"，1-38 页，上海人民出版社，1989 年 9 月。

"饮茶"条记载：

楚人陆鸿渐为《茶论》，说茶之功效，并煎茶、炙茶之法，造茶具二十四事以都统笼贮之，远近倾慕，好事者家藏一副。有常伯熊者，又因鸿渐之论广润色之。于是茶道大行，王公朝士无不饮者。御史大夫李季卿（？—767）宣慰江南，到临淮县馆，或言伯熊善茶者，李公请为之。伯熊著黄被衫、乌纱帽，手执茶器，口通茶名，区分指点，左右刮目。茶熟，李公为啜两杯而止。既到江外，又言鸿渐能茶者，李公复请为之。鸿渐身衣野服，随茶具而入。既坐，教摊如伯熊故事，李公心鄙之，茶毕，命奴子取钱三十文酬煎茶博士。鸿渐游江介，通狎胜流，及此羞愧，复著《毁茶论》。伯熊饮茶过度，遂患风，晚节亦不劝人多饮也。

这条记载，透露了太多《茶经》传播与接受的信息，举其要者有七个方面：一是此处说"楚人陆鸿渐为《茶论》"，但从该书的内容看应即《茶经》。可见，《茶经》亦曾被人称为《茶论》，其书名并非具有唯一性和严肃性，是不可以改易的。二是"有常伯熊者，又因鸿渐之论广润色之"。常伯熊之所以能够青史留名，就是因为他为陆羽《茶经》"广润色之"。搜罗历史人物资料极为完备的《中国人名大辞典》，"常伯熊"条即为："唐善煮茶。因陆羽著《茶经》，复广著茶之功。御史大夫李季卿召伯熊煮茶，伯熊执器前，季卿为再举杯。"[①] 三是在记常伯熊对《茶经》"广润色之"后，则载"于是茶道大行，王公朝士无不饮者"。也就是说，天下"茶道大行"既与陆羽《茶经》有关，又和常伯熊相连。四是常伯熊依据陆羽《茶经》和自己"广润色之"的茶道行茶事，并且得到御史大夫李季卿的赏识，故"左右刮目"。五是陆羽在行茶事时，既不注意服饰，即"身衣野服"，又是"教摊如伯熊故事"，与常伯熊的相似，所以被"鄙之"。六是陆羽受到此事刺激，所以写出《毁茶论》。对于这一点，我早在十多年

---

① 臧励龢等主编《中国人名大辞典》916页，商务印书局中华民国四年（1922年）6月。该书例言称："本书起自太古，断于清末，依据经史，参考志乘及私家撰著各书，遍征金石文字。凡群经重要人名，上古圣贤，历代帝王诸侯，及正史有传之人，无论贤奸，悉为甄录。"

前就已经指出："有的人认为古人说陆羽写《毁茶论》不可信,如果放在个人整个经历中察考,陆羽在挫折时会有激愤之作,也不是没有可能的。"① 七是常伯熊因为饮茶过度,患了风疾,"晚节亦不劝人多饮也"。这就留下了一个历史的疑问:常伯熊对陆羽《茶经》的"广润色之"没有流传下来,也许就是由于他晚年的病痛"不劝人多饮",而未能将文字传世。当然,这仅仅是一种揣测。但在这些信息中,我们起码可以归纳出几条:一是陆羽《茶经》并非定名,也可以称为《茶论》。二是陆羽《茶经》曾经常伯熊"广润色之",并且产生"茶道大行"的影响。三是陆羽行茶事也并非初期就最权威,但其始终如一,故声名益隆。而常伯熊因晚年"不劝人多饮",则影响日渐式微。

现有唐代关于茶的文献中,诗篇有很多首或是与陆羽唱和的,或是描写陆羽品茗、采茶及其他茶事相关的,但专著、杂著和茶文鲜有记载。即使涉及,也大多较为平实。② 如《陆羽小传》载:"羽嗜茶,著《茶经》三篇。鬻茶者至陆羽形为茶神祀之。"③ 陆龟蒙《甫里先生传》记:"继《茶经》、《茶诀》之后,南阳张又新尝为《水说》。"④ 即便祀为茶神,也是从商业利益出发,而非作为顶礼膜拜的神灵。李肇《唐国史补》就记载:"巩县陶者,多为瓷偶人,号陆鸿渐。买数十茶器,得一鸿渐。市人沽茶不利,辄灌注之。"赵璘《因话录》对于陆羽也有类似的记述:"(陆羽)性嗜茶,始创煎茶法。至今鬻茶之家,陶为其像。置于炀器之间,云宜茶足利。"这种载录,一直影响到宋代,王谠《唐语林》"陆羽"条又重申该事。北宋时欧阳修著《新唐书》,记陆羽《茶经》也是直书:"羽嗜茶,著经三篇,言茶之原、之法、之具尤备,天下益知饮茶矣。"欧阳修

① 余悦,《茶路历程·中国茶文化流变简史》,31 页,光明日报出版社,1999 年 8月。

② 陈彬藩、余悦、关博文主编《中国茶文化经典》(光明日报出版社,1999 年 8 月)是迄今为止搜集中国古代茶文化文献最多的资料集,其第 9~64 页为"隋唐五代经典",分为茶著、茶文、茶诗、杂著各类,可资参考。

③ 见《全唐文》第 5 册 4418 页。

④ 见《全唐文》第 9 册 8421 页。

的史学著作历来为人称道，这里用一个"益"字是非常精当的。"益"者，更加也。所以，这段文字后复记常伯熊、李季卿和《毁茶论》诸事。

在唐代文献中，皮日休《茶中杂咏》序历来为人称道，但后世刻《茶经》者多移为《茶经》序，可见该序与陆羽《茶经》的密切关联。但是，皮日休的诗序对于陆羽《茶经》的持论极为公允，难见溢美之词。我们不妨把这篇诗序全文照录如下：

案《周礼》，酒正之职：辨四饮之物，其三曰浆。又浆人之职，共王之六饮，水、浆、醴、凉、医、酏。入于酒府，郑司农云："以水和酒也。"盖当时人率以酒醴为饮，谓乎六浆。酒之醨者也，何得姬公制？《尔雅》云："槚，苦荼。"即不撷而饮之，岂圣人纯于用乎？抑草木之济人，取舍有时也。自周已降。及于国朝茶事，竟陵子陆季疵言之详矣。然季疵以前，称茗饮者必浑以烹之，与夫瀹蔬而啜者无异也。季疵之始为经三卷，由是分其源，制其具，教其造，设其器，命其煮。俾饮之者除痟而去疠，虽疾医之不若也。其为利也，于人岂小哉！余始得季疵书，以为备矣。后又获其《顾渚山记》二篇，其中多茶事。后又太原温从云、武威段碣之，各补茶事十数节，并存于方册。茶之事，由周至于今，竟无纤遗矣。昔晋杜育有《荈赋》，季疵有《茶歌》，余缺然于怀者，谓有其具而不形于诗，亦季疵之余恨也。遂为十咏，寄天随子。

皮日休的《茶中杂咏》诗序对陆羽的译介，大体还是与其他人的相似，即"始为经三卷，由是分其源，制其具，教其造，设其器，命其煮"。但也提出："其为利也，于人岂小哉！"至于书的内容，则以"言之详矣"，"以为备矣"概括之。

从唐代陆羽《茶经》的传播和接受来说，还有一条资料值得关注，那就是宋代陈师道的《茶经序》。虽然陆羽《茶经》在唐代的流传本子目前尚未能知其详，不过，陈师道的这篇序言则给我们展现了宋代的情况："陆羽《茶经》，家传一卷，毕氏、王氏书三卷，张氏书四卷，内外书十有一卷。其文繁简不同，王、毕氏书繁杂，意其旧文；张氏书简明与家书合，而多脱误；家书近古可考正，自七之事，其下亡。乃合三书以成之，录为二篇，藏于家。"这是我们所知的距离唐代最近的北宋时期陆羽《茶经》文本的具体情况，也是最接近《茶经》流传情况的面目：当时有毕氏书（三卷）、王氏书（三卷）、张氏书（四卷），还有陈氏家传书（一卷）。四家藏本的卷数之和，有十一卷。[①] 还有一点值得注意的：这四种书"繁简不同"。再来细分："王、毕氏书繁杂，意其旧文；张氏书简明与家书合，而多脱误；家书近古可考正，自七之事，其下亡。"各种《茶经》本子的差别，"繁杂"者带有初稿的性质；"简明"者则有删繁就简，条分缕析的修订痕迹；至于"脱误"，可能是传抄过程中的差错；而家藏者明显是残本，因有内容亡佚。这种"繁简不同"，既可能是作者的修订，也不排除流传与接受过程的"广润色之"。

根据以上资料的解读，我们可以进一步的明确：在唐代陆羽写作《茶经》之际，以及当时流传与接受的过程中，《茶经》仅仅是"经籍"，而非"经典"。但在一千多年的历史潮流中，陆羽《茶经》逐步地走向"经典化"。

二

根据现有资料，发生陆羽《茶经》由"经籍"走向"经典"的深刻变化，应该是以宋代（960—1279）为时间节点的。当时，茶成为"开门七件事"之一，上至帝王，下为庶民，举国尚茶。除此之外，陆羽《茶经》的"经典化"，也有其最重要的"推手"。我们不妨从三个方面，分析宋代的状况：

首先，宋代陆羽《茶经》的传播与接受存在多向度的现象。

一是唐代陆羽《茶经》的传播，由中唐至晚唐，并经五代时期的混

---

① 对于"内外书十有一卷"，各人理解有差异。一说"《茶经》总共只有十篇，不知何从可以析为十一卷？"但是，从前后文观之："陆羽《茶经》，家传一卷，毕氏、王氏书三卷，张氏书四卷，内外书十有一卷。"此处是从收藏角度来叙述的，而且明确说"毕氏、王氏书"、"张氏书"、"内外书"，故当为诸书相加之和系十一卷。

乱，直到北宋的升平气象，在这复杂多变的社会一直未能中断。检索宋代的著述，自从北宋初年的《太平寰宇记》起，文人墨客著书撰文常见引用《茶经》，诸家书目也有著录，表明陆羽《茶经》的传播与接受绵延不绝。《太平寰宇记》的作者乐史（930—1007）为北宋宜黄人，南唐时即召授秘书郎，入宋后多处任职，勤于著述，除该书外，还有《绿珠传》、《杨太真外传》等。乐史生活与写作的时期，正是由五代到宋初的历史转折，也表明陆羽《茶经》的传播活力。

二是宋初对于陆羽《茶经》有客观公正的评价。欧阳修是当时的文坛领袖、政界要人，又是一个爱茶人，他的认知和认同极为重要，也堪为论断的代表。他在治平元年（1064）七月二十日书《唐〈陆文学传〉跋》写道："茶之见前史，盖自魏晋以来有之，而后世言茶者必本陆鸿渐，盖为茶著书自其始也。""鸿渐以茶自名于世久矣，考其传，著书颇多，曰《君臣契》三卷、《源解》三十卷、《江表四姓谱》十卷、《南北人物志》十卷、《吴兴历官记》三卷、《潮州刺史记》一卷、《茶经》三卷、《占梦》三卷。其多如此，岂止《茶经》而已哉！然其他书皆不传。独《茶经》著于世，宜其自传于此名也。"[1] 欧阳修肯定了陆羽《茶经》"为茶著书自其始"的功绩，并关注到"独《茶经》著于世"的传播情况。

三是宋初亦对陆羽《茶经》提出一些质疑，或以该书说事。曾任福建路转运使、造茶进贡著称的蔡襄（1012—1067），他在谈及写作《茶录》的源起时说："昔陆羽《茶经》，不第建安之品；丁谓《茶图》，独论采造之本，至于烹试，曾未有闻。臣辄条数事，简而易明，勒成二篇，名曰《茶录》。"相对而言，黄儒（熙宁六年进士，即1073年前后在世）的《品茶要录》对于陆羽《茶经》不载建安茶有较为清晰的辨析："说者常怪陆羽《茶经》不第建安之品，盖前此茶事未甚兴，灵芽真笋，往往委翳消腐，而人不知惜。"但他又认为："昔者陆羽号为知茶，然羽之所知者，皆

---

① 原见《全宋文》第17册642页，此据陈彬藩、余悦、关博文主编《中国茶文化经典》（光明日报出版社，1999年8月）104页校改本。该书还收入此跋之别本，可参阅。

今之所谓草茶。何哉？如鸿渐所论'蒸笋并叶，畏流其膏'，盖草茶味短而淡，故常恐去膏；建安力厚而甘，故惟欲去膏。又论福建为'未详，往往得之，其味极佳。'由是观之，鸿渐未尝到建安欤？"这些记载，进一步表明在宋初陆羽《茶经》作为"经籍"，是可以提出意见和质疑的。

其次，陆羽《茶经》的"经典化"出现在宋朝立国百年之后，陈师道的《茶经序》提升了这本茶书的地位。

陈师道（1053—1102）是北宋诗人，诗学黄庭坚，属"江西诗派"。元祐初，历任徐州（今属江苏）教授、太学博士、颍州（今安徽阜阳）教授，彭泽（今江西彭泽）令、秘书省正字等职。他作有《满庭芳·咏茶》词[1]：

闽岭先春，琅函联璧，帝所分落人间。绮窗纤手，一缕破双团。云里游龙舞凤，香雾起、飞月轮边。华堂静，松风竹雪，金鼎沸湲潺。

门阑。车马动，扶黄籍白，小袖高鬟。渐胸里轮囷，肺腑生寒。唤起谪仙醉倒，翻湖海、倾泻涛澜。笙歌散，风帘月幕，禅榻鬓丝斑。

他又有《南柯子·问王立之督茶》[2]：

天上云为瑞，人间睡作魔，疏帘清簟汗成河。酒醒梦回眵眼、费摩挲。

但有寒暄问，初无凤鸟过。尘生铜碾网生罗。一诺十年犹未、意如何。

陈师道为彭城（今江苏徐州）人，又曾到安徽、江西等地为官，这些地方都是茶区，让他能够自然而然地受到熏陶。他又有督茶的朋友，自身有对茶的体验。因此，陈师道收藏茶书，并写下《茶经序》，就是情理之中的事情。这篇《茶经序》，是目前所见最早对于陆羽《茶经》作出的全面而高度的评价：

夫茶之著书自羽始，其用于世亦自羽始，羽诚有功于茶者也。上自宫

---

① 见《全宋词》第 1 册 586 页。
② 见《全宋词》第 1 册 588 页。

省，下迨邑里，外及戎夷蛮狄，宾祀燕享，预陈于前，山泽以成市，商贾以起家，又有功于人者也，可谓智矣。经曰："茶之否臧，存之口诀。"则书之所载，犹其粗也。夫茶之为艺下矣，至其精微，书有不尽，况天下之至理，而欲求之文字纸墨之间，其有得乎？昔先王因人而教，同欲而治，凡有益于人者，皆不废也。世人之说曰，先王之诗书道德而已，此乃世外执方之论，枯槁自守之行，不可群天下而居也。史称羽持具饮李季卿，季卿不为宾主，又著论以毁之。夫艺者，君子有之，德成而后及，所以同于民也；不务本而趋末，故业成而下也，学者谨之！

在这里，陈师道对陆羽《茶经》的"有功于茶者"和"有功于人者"作了详细描述，并且站在"天下之至理"与"诗书道德"的立场提出了看法。虽然他有的见解未必恰当，但对于陆羽《茶经》价值作用的高度重视则影响着后来，成为其"经典化"历程的重要路碑。

再次，由唐代以来陆羽《茶经》的多种版本流传，到宋代中叶《茶经》单一刻本的出现，为这种"经典化"奠定了物态化基础。

虽然历史上许多经典著作并非单一版本，但是，在一定的时期内出现公认的刊本也是著述提升的表征。陈师道在《茶经序》中谈到所见《茶经》四种版本，一般认为系唐五代以来的旧钞或旧刻本。但是，目前尚未发现有北宋的《茶经》刻印本。作为现存刻印最早的丛书之一，左圭于南宋度宗咸淳九年（1273）辑刊的《百川学海》，收入了陆羽《茶经》，成为现存可见的最早《茶经》版本。《百川学海》分为甲乙丙丁戊己庚辛壬癸10集，计100种，77卷。后来，明代吴永续之，凡30集，至冯可宾又扩充10集。陆羽《茶经》列入该书"壬集"，同时收录的茶书还有：唐代张又新《煎茶水记》一卷；宋代蔡襄《茶录》一卷，宋子安《东溪试茶录》一卷。从现在能见的各种版本来看，《百川学海》本《茶经》虽然难称为善本，但因其为现存最早的刊本，故有许多翻刻影印，如明代弘治十四年（1501）、嘉靖十五年（1536）均有《百川学海》的《茶经》刊本。特别是嘉靖二十一年（1542）从《百川学海》中将陆羽《茶经》录出另刻的竟陵本，成为陆羽《茶经》现存最早的单行本。正因为如此，《百川学海》本

《茶经》几乎为后来所有《茶经》版本的"母本"或底本。这是陆羽《茶经》传播和接受过程中，一种有趣的现象。

经过宋人的努力，陆羽《茶经》的"经典化"地位得以完善和巩固。这种现象，在后代的传播与接受时又得到进一步的印证。

在明代，随着刻书业的发达和书商的发行畅通，明代茶书的数量成为最多的时代。与之相应，陆羽《茶经》也出现众多的版本，如：①明弘治十四年（1501）华珵刊百川学海壬集本；②明嘉靖十五年（1536）郑氏文宗堂刻百川学海本；③明嘉靖二十一年（1542）柯双华竟陵刻本；④明万历十六年（1588）孙大绶秋水斋刊本；⑤明万历十六年（1588）程福生刻本；⑥明万历二十一年（1593）胡文焕百家名书本；⑦明万历三十一年（1603）胡文焕格致丛书本；⑧明万历中（明代万历共 47 年，即 1573—1619）汪士贤由居杂志本；⑨明郑熜校刻本；⑩明万历四十一年（1613）喻政《茶书》本；⑪明重订欣赏编本；⑫明宜和堂刊本；⑬明乐元声刻本（在欣赏编本之后）；⑭明朱祐槟《茶谱》本；⑮明汤显祖（1550—1617）玉茗堂主人别本茶经本；⑯明钟人杰、张逐辰辑明刊唐宋丛书本；⑰明人重编明末刊百川学海辛集本；⑱明人重编明末叶坊刊百川学海辛集本；⑲明冯梦龙（1574—1646）辑五朝小说本。此外，《茶经》还有多种说郛钞本。

清代，虽然原创性的茶书并非最为辉煌，但陆羽《茶经》的版本同样极为烦杂，数量达十多种，如：①清陈梦雷、蒋廷锡等奉敕编雍正四年（1726）铜活字排印古今图书集成本；②清雍正十三年（1735）寿椿堂刊陆廷灿《续茶经》本；③清乾隆四十七年（1782）修成文渊阁四库全书本；④清乾隆五十七年（1792）陈世熙辑挹秀轩刊唐人说荟本；⑤清张海鹏辑嘉庆十年（1805）虞山张氏照旷阁刊学津讨原本；⑥清王文浩辑嘉庆十一年（1806）唐代丛书本；⑦清王谟辑《汉唐地理书钞》本；⑧清吴其濬（1789—1847）植物名实图考长编本；⑨道光三十二年（1843）刊唐人说荟本；⑩清光绪十年（1884）上海图书集成局印扁木字古今图书集成本；⑪清光绪十六年（1890）总理各国事务衙门委托同文书局影印古代图书集成原书本；⑫清宣统三年（1911）上海天宝书局石印唐人说荟本。

民国时期，虽然革新变旧，陆羽《茶经》魅力依旧，目前所见版本几近二十，如：①民国八年（1919）的《国学基本丛书》本，由上海商务印书馆印清吴其濬植物名实图考长编本；②吕氏十种本；③小史雅集本；④文房奇书本；⑤张应文藏书七种本；⑥民国西塔寺刻本；⑦常州先哲遗书本；⑧民国十年（1921）上海博古斋据明弘治华氏本影印百川学海（壬集）本；⑨民国十一年（1922）上海扫叶山房石印唐人说荟本；⑩民国十一年（1922）上海商务印书馆据清张氏刊本影印学津讨原本（第十五集）；⑪民国十二年（1923）卢靖辑沔阳卢氏刊湖北先正遗书本；⑫民国十六年（1927）陶氏涉圆影刊宋咸淳百川学海乙集本；⑬民国十六年（1927）张宗祥校明钞说郛涵芬楼刊本；⑭民国二十三年（1934）中华书局影印殿本古今图书集成本；⑮民国二十三年（1934）的《万有文库》本，由上海商务印书馆印清吴其濬植物名实图考长编本；⑯民国十五年（1926），上海扫叶山房石印五朝小说大观本；⑰丛书集成初编本等多种刊本。

在中国古代所有的茶书中，①陆羽《茶经》版本是最多的，是后人最为看重的，是流传最久和最广的。这既是其"经典化"的历程，又是其"经典化"的结果。

三

唐代陆羽《茶经》在由"经籍"走向"经典"的过程中，有其独特的

---

① 阮浩耕、沈冬梅、于良子点校注释的《中国古代茶叶全书》，共收入茶书64种，其中有7种是辑佚的，另书后附已佚存目茶书60种，总共是124种（浙江摄影出版社，1999年1月第1版）。而郑培凯、朱自振主编的《中国历代茶书汇编》则称："本书是中国历代茶书汇编，可称得上是现存所见茶书总汇中收录最丰富的编著。相较明代喻政的《茶书》，本书不计清代所录，多出五十六种。又与《中国古代茶叶全书》比对，本书所收唐至清代的茶书，实际多出三十九种（详见'主要茶书总汇收录对照表'）。另外，本书于不同书志中搜得六十五种逸书遗目以作附录，并撰写简短的介绍，较《中国古代茶叶全书》的'存目茶书'多十四种。"[商务印书馆（香港）有限公司，2007年3月第1版]。这些介绍，大体反映了中国古代茶书的状况。

运行轨迹和特色。任何典籍"经典化"时，都需要外在的推动力。对于陆羽《茶经》而言，其最值得关注的有三个方面：

第一，历来为陆羽《茶经》所作的序跋，极大地提升了《茶经》的价值，扩展了其影响力。

前人早就认识到序跋在著作推介中的作用，故把唐代皮日休的《茶中杂咏》序作为陆羽《茶经》的代序。而如前所叙，宋代陈师道的《茶经序》，虽然其中对陆羽《茶经》的"美言"并非独创，却因其全面与系统，成为重要"推手"。以至于明清以来，陆羽《茶经》的序跋不断出现，如：①明嘉靖壬寅鲁彭叙；②明嘉靖壬寅汪可立后序；③明嘉靖壬寅吴旦后序；④明嘉靖童乘叙跋；⑤明万历戊子陈文烛序；⑥明万历戊子王寅序；⑦明李维桢序；⑧明张睿卿跋；⑨明徐同气序；⑩明乐元声引；⑪清徐篁跋；⑫清曾元迈序。

在这些序跋中，明代陈文烛的《茶经序》把陆羽与后稷相提并论："人莫不饮食也，鲜能知味也。稷树艺五谷而天下知食，羽辨水煮茶而天下知饮，羽之功不在稷下，虽与稷并祠可也。"而李维桢、徐同气的《茶经序》，都不约而同的从《茶经》之名为"经"入手，进行了解读和论述。李维桢《茶经序》在历数前人涉茶著述后指出：有的"不专茶也"，或"不称经也"，"其笔诸书，尊为经而人以功归之，实自鸿渐始"。他还进一步分析："鸿渐品茶小技，与经相提而论，安得人无异议？"最后，他归结为："鸿渐穷厄终身，而遗书遗迹，百世下宝爱之，以为山川邑里重，其风足以廉顽立懦，胡可少哉！夫酒食禽鱼，博塞樗蒲，诸名经者夥矣，茶之有经奚怪焉！"肯定陆羽《茶经》以"经"字为名的正确和有道理。当然，这里所称的"经"，既与"经典""相提而论"，又和"经籍""诸名经者"列论。

如果说，李维桢是更多地从陆羽《茶经》与其他类型著述比较来做辨析，那么，徐同气《茶经序》则从《茶经》写作的本身进行论证。他认为："陆子之文，奥质奇离，有似《货殖传》者，有似《考工记》者，有似周王传者，有似山海、方舆诸记者。其简而赅，则《檀弓》也，其辨而纤，则《尔雅》也，亦似之而已，如是以为文，而能无取乎?"他又进一步回答："其文遂可为经乎?"认为"经者，以言乎其常也，……其骘为经者，亦以其文而已。""《茶经》则杂于方技，迫于物理，肆而不厌，傲而不忤，陆子终古以此显，足矣。""凡经者，可例百世，而不可绳一时者也。孔子作《春秋》，七十子惟口授传其旨，故《经》曰：茶之臧否，存之口诀，则书之所载，犹其粗者。折取其文而已。"这里，把陆羽《茶经》与孔子作《春秋》一起论述，提到"可例百世"的地位，也就真正由"经籍"成为"经典"了。因此，作者总结为"陆子之经，陆子之文也"，就水到渠成了。

第二，后人或是辑刊《茶经》，或是续作《茶经》，进一步拓展了《茶经》的内容和内涵。

宋代初期陆羽《茶经》还未达到一种"神圣化"的地步，当时对《茶经》是一种"填齐补缺"式的充实。如周绛的《补茶经》，《郡斋读书志》载："绛，祥符初知建州，以陆羽《茶经》不载建安，故补之。"周绛为太平兴国八年（983年）举进士，景德元年（1004年）官太常博士，正是生活在宋代初期。

而到了明代，陆羽《茶经》的经典地位已经确立，故吴旦在嘉靖壬寅（1542）刊《茶经》时有意附刻《茶经外集》，颇有点傍《茶经》以立的味道。其实，《茶经外集》仅是唐诗五首，宋诗一首，明诗三十四首。① 而明张谦德（1577—1643）于万历二十四年（1596）编撰茶书时，则径用《茶经》之名。对在陆羽处借得书名，张谦德在自序写道："古今论茶事者，无虑数十家，要皆大暗小明，近郐远泥。若鸿渐之《经》，君谟之《录》，可谓尽善尽美矣。第其时法用熟碾细罗，为丸为挺，今世不尔。故烹试之法，不能尽与时合。乃于暇日，折衷诸书，附益新意，勒成三篇，

① 孙大绶明万历十六年（1588）刻陆羽《茶经》时，亦将《茶经外集》辑刊其后，但仅为唐宋茶诗八首。因吴旦刻《茶经》在孙大绶之前，故将《茶经外集》归入吴氏名下。

借名《茶经》，授诸枣而就正博雅之士。"话说得很明白，因为陆羽著述的
"尽善尽美"，故"借名《茶经》"。这种"借名"，既充分推崇《茶经》，又
是"另类"的方式接受和传播陆羽《茶经》。

真正仿照陆羽《茶经》进行茶书写作的，则是清代陆廷灿辑的《续茶
经》。这本茶书的辑编，陆廷灿在"凡例"说得很清楚："《茶经》著自唐
代桑苎翁，迄今千有余载，不独制作各殊而烹饮迥异，即出产之处亦多不
同。余性嗜茶，乘乏崇安，适系武夷产茶之地。值制府满公，郑重进献，
究悉源流，每以茶事下询，查阅诸书，于武夷之外，每多见闻，因思采集
为《续茶经》之举。""兹特采集所见各书，依《茶经》之例，分之源、之
具、之造、之器、之煮、之饮、之事、之出、之略。至其图无传，不敢臆
补，以茶具、茶器图足之。"也就是说，全书是"因仿《茶经》之例"。这
种做法，是陆羽《茶经》权威性的使然，也让《茶经》的体例影响得以
强化。

第三，唐人及其后茶诗词，每每描写到陆羽及《茶经》，更使其传播
与接受突破了时空的界限。

诗词是一种文学创作，与《茶经》的著述为别种样式。不过，文学创
作由于其形象、生动，以精美的文字使人对相关事物留下深刻印象，其在
人物和事件的传播与接受方面又有其独特的效果。更何况，陆羽《茶经》
还收入了若干茶诗，对茶诗的价值和功用自是了然于胸。陆羽本人善诗，
《全唐诗》收录他的诗作传世。与陆羽有缁素忘年之交的皎然，就有咏陆
羽诗十多首，分为寻访诗三首，送别诗两首，聚会诗六首及联句多首。而
后人的茶诗，则多对陆羽和《茶经》的景仰与追求之情。稍后陆羽的唐代
诗僧齐己（约863—937），在《咏茶十二韵》中有句："曾寻修事法，妙
尽陆先生。"北宋诗人林逋（967—1028）《烹北苑茶有怀》写道："人间绝
品应难识，闲对《茶经》忆古人。"南宋大诗人陆游（1125—1210）更是
对陆羽和《茶经》崇拜不已，他《八十三吟》有句"桑苎家风君勿笑，他
年犹得作茶神"。而《戏书燕几》又云："水品《茶经》常在手，前生疑是
竟陵翁。"南宋诗人徐照（？—1211）《谢徐玑惠茶》诗"静室无来客，碑

粘陆羽真"，既反映了人们对陆羽的崇敬，又留下了当时有陆羽画像的文字依据。

而在词曲中，同样有歌吟陆羽和《茶经》的辞句。南宋最杰出的爱国词人辛弃疾（1140—1207）在《六幺令·用陆氏事，送玉山令陆德隆侍亲东归吴中》写道："送君归后，细写《茶经》煮香雪。"宋代刘克庄（1187—1269）诗词多感慨时事之作，但他的《满江红·夜雨甚凉，忽动从戎之兴》却有句："把《茶经》、《香传》，时时温习。"而张炎（1248—1320）的《风入松·酌惠山泉》则发出了怀念陆羽的追问："当时桑苎今何在？想松风，吹断茶烟。"宋为官、后入金的高士谈（？—1146）在《好事近》中赞赏陆羽："可怜桑苎一生颠，文字更清绝。"元曲作家张可久（约1270—1348）的《百字令·惠山酌泉》更是写道："清入心脾，名高秘水，细把《茶经》点。留题石上，风流何处鸿渐。"清代著名词人陈维崧（1625—1682）的《鹧鸪天·谢史遽庵先生惠新茗》另有情趣："人间别有真南董，新注《茶经》四五章。"而在《茶瓶儿·咏茗》中则是："邀陆羽，煎花乳。"曾任要职的清代高士奇（1645—1704）在《浣溪沙·文石》中发出慨叹："煮泉曾否入《茶经》？"正是在文学作品的吟诵中，展现出由人到书，由书到人的鲜活、脍炙人口的诗词佳作使陆羽《茶经》实现了由案头到口头，再到心头的传播与接受。

上述所论，是陆羽《茶经》在传统生存状态下的传播与接受主要方式。社会进入到全球化和信息化的时代，陆羽及其《茶经》也与当代传媒方式结合起来，并且呈现出与以往既有传承又有创新的方式。不过，任何时代《茶经》的传播与接受，总是离不开文本的，总是以学术为先导，以普及为手段的。现当代，特别是中国改革开放30多年来，随着茶文化研究热潮的出现，陆羽《茶经》的"经典化"过程进一步加速。其成果，主要在五个方面：

一是对古代茶书的整理汇编，都必须收录陆羽《茶经》。如王云五主编《丛书集成初稿》收录《茶录》及其茶书五种。胡山源编《古今茶事》收录古代茶书23种，另有艺文和故事。陈祖槼、朱自振编《中国茶叶历史资料选辑》收录茶书 58 种，另有茶事与茶法资料。陈彬藩、余悦、关博文主编《中国茶文化经典》收录茶书 44 种，另有大量关于茶史、经济、艺文、品饮、风俗等方面的茶文献。

二是对古代茶书的校勘、注释，也离不开陆羽《茶经》。如阮浩耕、沈冬梅、于良子点校注释的《中国古代茶叶全书》，共收录茶书 64 种（其中辑轶 7 种），附已佚存目茶书 60 种；郑培凯、朱自振主编《中国历代茶书汇编校注本》，收茶书 114 种（含辑轶 26 种），附古代茶书逸书遗目 65 种。此外，还有朱小明编《茶史茶典》，陈文华主编《中国茶文化典籍选读》，郭孟良撰《中国茶典》，篇幅虽然不大，但均收入《茶经》。

三是对古代茶书的提要与介绍中，同样有陆羽《茶经》。万国鼎撰《茶书总目提要》。许贤瑶编译《中国茶书提要》，收录清代纪昀等撰《四库全书总目（茶书）提要》、万国鼎《茶书总目提要》和日本布目潮沨《中国茶书全集解说》共三种。余悦《研书》，对于包括《茶经》在内的唐、宋、明、清和现当代茶书进行了全面介绍，中国香港和台湾茶书、国外茶著也各有专章。王河《茶典逸况》，对包括《茶经》在内的茶文献进行了系统介绍。

四是对于陆羽《茶经》的整理和介绍。除上述几种较全面整理中国茶书的著作外，大多是对陆羽《茶经》的整理和研究。如张芳赐、赵丛礼、喻盛甫《茶经浅释》，傅树勤、欧阳勋《陆羽茶经译注》，蔡嘉德、吕维新《茶经语释》，张宏庸先后编成《陆羽茶经译丛》、《陆羽研究资料汇编》、《陆羽图录》、《陆羽书录》、《陆羽全集》等。最有影响的，是吴觉农主编《茶经述评》。该书每章先录《茶经》原文，后为译文、注释，最后结合其他材料进行述评。此外，还有程启坤、杨招棣、姚国坤《陆羽〈茶经〉解读与点校》、裘纪平《茶经图说》、沈冬梅《茶经校注》等。

五是关于陆羽《茶经》的研究论文。这些论文主要有两种：一是关于《茶经》辨析的，如游修龄《陆羽〈茶经·七之事〉"茗菜"质疑》；二是关于茶书内容研究，如林一顺《〈茶经〉写作艺术论》。

陆羽《茶经》的"经典化"，国外也起了推波助澜的作用。特别是日本，更是如此。日本宫内厅书陵部藏有《茶经》百川学海本，明郑熜校日本翻刻本、日本京都书肆翻刻明郑熜校本。而且日本学界对中国古代茶书，特别是陆羽《茶经》也极为重视，发表了一批成果。早在公元 1774 年，日本就有大典禅师的《茶经详说》问世。后又有诸冈存《茶经评释》、青木正儿《中华茶书》。尤其是著名汉学家、中国唐史学家布目潮沨毕生致力于整理中国茶书典籍，与中村乔合著《中国的茶书》，独立编辑《中国茶书全集》。他撰著的《茶经详解》，包括原文，校异、译文、注解，为其"毕生《茶经》研究的集大成"之作。此外，千宗室总监修《茶道古典全集》第一卷，主要对中国《茶经》、《茶录》和《大观茶论》等进行了译注。

总结陆羽《茶经》"经典化"历史的经验，概而言之有三个方面：一是最早的著作，只要其具有历史的价值，并且能够与后世社会契合，总是有得天独厚的"经典化"的先决条件的。二是任何典籍的"经典化"，都是以传播和接受为前提的，正是在传播—接受—再传播—再接受的循环往复，得到升华的。三是典籍在不同时期的"经典化"会呈现出不同特色，并且与那一时代人们所喜爱的方式而存在。"经典化"是一个过程，又是生生不已的流向。朱熹《观书有感》诗写得好："问渠那得清如许，为有源头活水来。"有生命力的典籍，这种原动力是始终生龙活虎的。陆羽《茶经》作为中国也是世界上第一本茶书，经历了一千多年的生命周期，其"经典化"的过程依然是"在路上"。对此，我们依然作如是观。

余悦　江西省社会科学院首席研究员，从事民俗学与茶文化研究，出版专著《中国茶韵》(中央民族大学出版社，2002 年)、《茶路历程——中国茶文化流变简史》(光明日报出版社，1999 年)、《事茶淳俗》(上海人民出版社，2008 年) 等。

三、《茶经》中的茶叶

唐代茶叶种类及其加工研究

——主要依据陆羽《茶经》

中国农业科学院茶叶研究所　程启坤*

唐代是中国茶叶生产发展较快的时期，陆羽对唐代及其以前的茶事进行了调查与总结，写成了世界上第一部茶叶专著——《茶经》。作者根据陆羽《茶经》及其他文献资料，对唐代的茶叶种类、贡茶及饼茶加工进行了研究，在此基础上，进行了唐代饼茶的复原性试制。现将研究结果报告论述如下。

一、唐代茶叶种类

历史进入唐代以后，茶叶生产迅速发展，茶区进一步扩大。仅陆羽《茶经·八之出》就记载了有山南、淮南、浙西、剑南、浙东、黔中、江南、岭南等八大茶区 43 个州产茶[1]，作者另又查阅了其他一些历史资料，还有 30 多个州也产茶，因此统计结果，唐代已有 80 个州产茶[2]。据此，唐代产茶区域遍及现今的四川、重庆、陕西、湖北、河南、安徽、江西、浙江、江苏、湖南、贵州、广西、广东、福建、云南等 15 个省、市、自治区。也就是说，唐代的茶叶产地达到了与我国近代茶区约略相当的局面。

唐代各茶区茶叶生产的发展，生产出的茶叶据作者统计，有茶名的就有 150 种之多。这繁多的茶叶用现代茶叶分类法来衡量，绝大多数是蒸青绿茶，也有部分炒青绿茶。这些蒸青绿茶根据陆羽《茶经·六之饮》记

* 参与本项研究工作的还有本研究会的姚国坤与张莉颖。

述，又有"粗茶、散茶、末茶、饼茶"之分，其中以饼茶数量最多，因此，陆羽《茶经》中重点介绍了蒸青饼茶制造方法。唐代文学家刘禹锡《西山兰若试茶歌》[3]中有"斯须炒成满室香……自摘至煎俄顷余"之句，证明当时已有炒青绿茶的存在。

对陆羽《茶经·六之饮》中论述的"粗茶、散茶、末茶、饼茶"，可以作如下理解：

所谓"粗茶"，是采摘较粗老的鲜叶加工成的饼茶。即陆羽《茶经·三之造》中将饼茶分为八等中的后两等："有如竹箨者，枝杆坚实，难于蒸捣，故其形籭簁然；有如霜荷者，茎叶凋沮，易其状貌，故厥状委悴然。此皆茶之瘠老者也。"

所谓"散茶"，是采摘细嫩芽叶，经蒸青后烘干或炒干的松散状芽茶或叶茶。五代蜀·毛文锡《茶谱》记述："蜀州晋原、洞口、横源、味江、青城，其横源雀舌、鸟嘴、麦颗，盖取其嫩芽所造，以其芽似之也。又有片甲者，即是早春黄芽，其叶相抱如片甲也。蝉翼者，其叶嫩薄如蝉翼也。皆散茶之最上也。"[4]

所谓"末茶"，是采摘茶鲜叶，经蒸茶、捣茶后，将捣碎的茶烘干或晒干而成的细碎末状茶。

所谓"饼茶"，当然就是陆羽《茶经·三之造》中，经"采之，蒸之，捣之，拍之，焙之，穿之，封之"而制成的方形、圆形或花形的饼状茶。这种蒸青饼茶是唐代贡茶的主要品类。

据唐代陆羽《茶经·八之出》和唐代有关历史资料记载，唐代各地所产茶叶大体如下：

产于雅州（今四川雅安）一带的茶叶有蒙顶茶，包括蒙顶研膏茶、蒙顶紫笋、蒙顶压膏露芽和谷芽、蒙顶石花、蒙顶井冬茶、蒙顶篯芽、蒙顶鹰嘴芽白茶、云茶、雷鸣茶等，都江堰一带的有青城山茶、味江茶、蝉翼、片甲、麦颗、鸟嘴、横牙、雀舌等，眉州（今眉山、峨眉山）一带的有峨眉白芽茶（峨眉雪芽）、峨眉茶、五花茶等。

产于今四川的还有名山的名山茶、百丈山茶，邛崃一带的火番茶、火井茶，绵阳一带的绵州松岭茶、骑火茶，温江一带的堋口茶、彭州石花、仙崖茶，泸州纳溪的纳溪梅岭茶，江油的昌明兽目（昌明茶、兽目茶），安县的神泉小团，汶川的玉垒沙坪茶，大邑的思安茶，剑阁以南地区的九华英，青川的七佛贡茶等。

产于今浙江的有湖州长兴的顾渚紫笋，余杭的径山茶，建德、淳安的睦州细茶、鸠坑茶，金华的婺州方茶、举岩茶，东阳的东白茶，鄞县的明州茶，嵊县的剡溪茶，余姚的瀑布岭仙茗，杭州的灵隐茶、天竺茶，临安的天目茶等。

产于今重庆市范围内的有茶岭茶、巫山巫溪的香山茶、彭水的黔阳都濡茶（都濡高技）、石柱的多棱茶、武隆的白马茶、涪陵的宾化茶、三般茶、开县的龙珠茶、合川的水南茶、巴南的狼猱山茶等。

产于今湖北的有宜昌一带的夷陵茶、小江源（园）茶、朱萸簝、方蕊茶、明月茶，当阳的仙人掌茶，蕲春一带的蕲水团薄饼、蕲水团黄、蕲门团黄，黄冈一带的黄冈茶，赤壁、崇阳一带的鄂州团黄，恩施一带的施州方茶，秭归一带的归州白茶（清口茶），松滋的荆州碧涧茶、楠木茶，枝城的峡州碧涧茶，襄阳、南漳的襄州茶等。

产于今湖南的有零陵的零陵竹间茶、沅陵的碣滩茶、龙山灵溪的灵溪芽茶、常德的西山寺炒青、长沙的麓山茶（潭州茶），安化、新化的渠江薄片、衡山的石禀方茶、衡山月团、岳山茶，岳阳的灉湖含膏（岳阳含膏茶）、岳州黄翎毛，溆浦的武陵茶，澧县的澧阳茶，沅陵的泸溪茶，邵阳的邵阳茶等。

产于今陕西的有安康一带的金州芽茶，汉中一带的梁州茶，西乡的西乡月团。

产于今河南的有光山的光山茶，信阳的义阳茶等。

产于今安徽的有祁门的祁门方茶，黄山各县的新安含膏、牛轭岭茶、歙县的歙州方茶，东至的至德茶，青阳的九华山茶，宣州一带雅山茶（瑞草魁、鸦山茶、鸭山茶、丫山茶、丫山阳坡横纹茶），舒城的庐州茶，岳西的舒州天柱茶，六安的小岘春、六安茶，霍山、六安一带的霍山天柱茶、霍山小团、霍山黄芽（寿州黄芽），寿县的寿阳茶等。

产于今江西的有婺源的先春含膏、婺源方茶，吉安的吉州茶，九江的庐山云雾茶（庐山茶），景德镇的浮梁茶，宜春的界桥茶，南城的麻姑茶，南昌的西山鹤岭茶、西山白露茶等。

产于今江苏的有南京的润州茶，苏州的洞庭山茶，扬州的蜀冈茶，宜兴的阳羡紫笋等。

产于今贵州的有石阡的夷州茶，思南、德江的费州茶，婺川、印江的思州茶，遵义、桐梓的播州生黄茶等。

产于今福建的有建瓯的蜡面茶、建州大团、建州研膏茶（建茶、武夷茶），福州的唐茶、正黄茶、柏岩茶（半岩茶）、方山露芽（方山生芽）等。

产于今广东的有博罗的罗浮茶，韶关的岭南茶、韶州生黄茶，封开的西乡研膏茶，南海的西樵茶等。

产于今广西的有灵川的吕仙茶（吕岩茶、刘仙岩茶），象州的象州茶，桂平的西山茶，容县的容州竹茶等。

产于今云南的有西双版纳、思茅一带的银生茶（普茶）。

二、唐代贡茶

中国贡茶的历史可以追溯到西周之初，东晋常璩《华阳国志·巴志》称："武王既克殷，以其宗姬封于巴，爵之以子。古者远国虽大，爵不过子，故吴、楚及巴皆曰子。其地东至鱼复（今四川奉节），西至僰道（今四川宜宾），北接汉中，南极黔涪（四川黔江及贵州道真、务川等）。土植五谷，牲具六畜，桑蚕麻苎，鱼盐铜铁，丹漆茶蜜，灵龟巨犀，山鸡白雉，黄润鲜粉，皆纳贡之。"

唐之初仍以征收各地名产茶叶作贡品，一些贪图名位、求官谋职之士，阿谀奉承，投其所好，将某些地方品质特异的茶叶贡献皇室，以求升官发财。随着皇室、官吏饮茶范围的扩大，遂感这种土贡形式越来越不能满足需求，于是官营督造专门生产贡茶的贡茶院（贡焙）就产生了。

永泰元年至大历三年（765—768）御史李栖筠为常州刺史，在宜兴修贡"阳羡雪芽"后，邀陆羽品茶，陆羽发现"顾渚紫笋"茶品质超群，建议可作贡茶。这段史实在《义兴重修茶舍记》中就有记载："前此故御史大夫李栖筠典是邦，僧有献佳茗者，会客尝之，野人陆羽以为芳香甘辣，冠于他境，可荐于上。栖筠从之，始进万两。"于是，唐朝最著名的贡茶院就确定设在了湖州长兴和常州义兴（现宜兴）交界的顾渚山。贡茶院规模很大，每年役工数万人，采制贡茶"顾渚紫笋"。据《长兴县志》载，顾渚贡茶院建于唐代宗大历五年（770），至明朝洪武八年（1375），兴盛之期历时长达605年。在唐朝，产制规模之大，"役工三万"，"工匠千余人"。制茶工场有"三十间"，烘焙灶"百余所"，每岁朝廷要花"千金"之费生产万串以上（每串1斤）贡茶，专供皇室王公权贵享用。清陆廷灿《续茶经》引宋代《蔡宽夫诗话》称："湖州紫笋茶，出顾渚，在常、湖二郡之间，以其萌苗紫而似笋也。每岁入贡，以清明日到，先荐宗庙，后赐近臣。"

顾渚贡茶院在每年清明之前春分时节，就开始督造"顾渚紫笋"新茶，制成后，快马加鞭专程直送京都长安，呈献皇上。茶到之时，宫廷中一片欢腾，唐代吴兴太守张文规的《湖州焙贡新茶》诗，就写下了此情此景，诗云："凤辇寻春半醉回，仙娥进水御帘开，牡丹花笑金钿动，传奏吴兴紫笋来。"说的是帝王乘车去寻春，喝得半醉方回宫，这时宫女手捧香茗，从御门外进来，那牡丹花般的脸上露着笑容，启口传奏新到紫笋贡茶来了。这首诗深刻地揭露了封建帝王的荒淫生活。《元和郡县图志》记载：唐德宗"贞元（785—804）以后，每岁以进奉顾渚山紫笋茶，役工三万余人，累月方毕"，可见当时采制贡茶耗费人力财力的浩繁。

唐代诗人袁高在唐德宗建中二年（781）至兴元元年（784），曾担任督造紫笋贡茶的湖州刺史，对当地焙贡顾渚贡茶付出的艰辛深有感受，为此曾写有一首《茶山诗》，诗云："……动辄千金费，日使万民贫。我来顾渚源，得与茶事亲。黎甿辍农桑，采摘实辛苦。……阴岭芽未吐，使者牒已频。心争造化功，走挺麋鹿均，选纳无昼夜，捣声昏继晨。……"当时袁高将他的《茶山诗》随三千六百串紫笋贡茶一并献给皇帝，以反映民情。据《西吴里语》记载："袁高刺郡，进（茶）三千六百串，并诗一章。"《石柱记笺释》补充说："自袁高以诗进规，遂为贡茶轻者之始。"说明袁高此举，对后来的"减贡"可能起到一定的作用。

唐宣宗大中十年（856）曾当过进士的李郢，有一首长诗《茶山贡焙歌》，也从另一个侧面反映了顾渚贡茶给当地民工带来的疾苦。诗云："……春风三月贡茶时，尽逐红旌到山里。焙中清晓朱门开，筐箱渐见新芽来。凌烟触露不停采，官家赤印连帖催，朝饥暮匍谁兴衰。喧阗竞纳不盈掬，一时一饷还成堆。蒸之馥之香胜梅，研膏架动声如雷。茶成拜表贡天子，万人争喊春山摧。驿骑鞭声砉流电，半夜驱夫谁复见？十日王程路四千，到时须及清明宴。……"唐《国史补》记载："长兴贡，限清明日到京，谓之急程茶。"贡茶限"清明"日到京，才能赶上宫廷的清明宴。从长兴顾渚到京都长安行程三四千里，日夜兼程，快马加鞭，十日赶到，所以称之"急程茶"。而修贡的太守在茶山却过着荒淫无耻的生活，每年春季制造贡茶时，湖常两州刺史，首先祭金沙泉的茶神，最后于太湖中浮游画舫十几艘，山上立旗张幕，携官妓大宴，饮酒作乐，正如刘禹锡诗云："何处人间似仙境，青山携妓采茶时。"如此鲜明的对比，足见贡茶制度的腐败。

唐代除在长兴顾渚山设贡茶院采制贡茶外，还规定在若干特定茶叶产地征收贡茶。据《新唐书·地理志》记载，当时的贡茶地区，计有十六个郡，即山南道的峡州夷陵郡、归州巴东郡、夔州云安郡、金州汉阴郡、兴元府汉中郡；江南道的常州晋陵郡、湖州吴兴郡、睦州新定郡、福州常乐郡、饶州鄱阳郡；黔中道的溪州灵溪郡；淮南道的寿州寿春郡、庐州庐江郡、蕲州蕲春郡、申州义阳郡和剑南道的雅州卢山郡。这十六个郡，包括今湖北、四川、陕西、江苏、浙江、福建、江西、湖南、安徽、河南十个省的很多县份。因此，不难看出，凡是当时有名的茶叶产区，几乎无例外地都要以茶进贡。贡茶数量之大是惊人的，唐元和十二年（817），因讨伐吴元济，财政困难，曾"出内库茶三十万斤，令户部进代金"。库存贡茶数量竟如此之大。[5]

唐代的贡茶品目，据在唐宪宗元和中（806—820）为翰林学士的李肇所著《国史补》记载，有十余品目，即：剑南"蒙顶石花"（有小方饼茶和散芽茶），湖州"顾渚紫笋"，东川"神泉小团、昌明兽目"，峡州"碧涧、明月、芳蕊、茱萸簝"，福州"方山露芽"，夔州"香山"，江陵"南木"，湖南"衡山"，岳州"灉湖含膏"，常州"义兴紫笋"，婺州"东白"，睦州"鸠坑"，洪州"西山白露"，寿州"霍山黄芽"，蕲州"蕲门团黄"。此外，尚有浙江余姚的"仙茗"，嵊县的"刻溪茶"等。

唐代贡茶绝大部分都是蒸青团饼茶，有方有圆、有大有小。其采制方法，根据陆羽《茶经·三之造》载："凡采茶，在二月、三月、四月之间。茶之笋者，生烂石沃土，长四五寸，若薇蕨始抽，凌露采焉。茶之牙者，发于丛薄之上。有三枝、四枝、五枝者，选其中枝颖拔者采焉。其日有雨不采，晴有云不采，晴，采之，蒸之，捣之，拍之，焙之，穿之，封之，茶之干矣。……自采至于封，七经目。"根据陆羽《茶经》的成书年代（760—780）和地点（湖州）来分析，《茶经》中所述的蒸青团饼茶的采制技术可以认为主要是对"顾渚紫笋"、"阳羡茶"采制方法的记载。

三、唐代茶叶加工

唐代茶叶虽有多种，但主要是饼茶。从法门寺地宫出土的御用金银茶具来看，发现有茶碾子和茶罗（筛子），这是烹煮饼茶的必用茶具，因此可以认为唐代贡品茶确实主要是饼茶。

2003 年初夏，我们进行了唐代饼茶的复原性研究。

（一）从与唐代饼茶有关的某些历史记载中获得信息

《茶经·三之造》重点介绍了饼茶的采制工序，即"晴，采之，蒸之，捣之，拍之，焙之，穿之，封之，茶之干矣"。说明唐代饼茶的采制经过了七道工序。

陆羽《茶经·二之具》中，讲到做饼茶的模子"规"时说："一曰模，一曰桊，以铁制之，或圆、或方、或花。"规，是制造饼茶的圈模，同时，说明制造出的饼茶有圆形的，也有方形的，还有花形的。

五代蜀毛文锡《茶谱》[4]记述："建州方山之露牙及紫笋，片大极硬，须汤渍之，方可碾。"说明饼茶每片较大。又记述："渠江薄片，一斤八十枚。"这说明，当时也有一斤茶做成 80 片的薄饼茶。按唐代一斤相当于 661 克计算，这种薄片茶，每片只有 8 克重。《茶谱》中又记述"宣城县有丫山小方饼"、"衡州之衡山、封州之西乡，茶研膏为之，皆片团如月"。说明当时的饼茶有方有圆，有大有小。

朱自振引《膳夫经手录》载及的唐大中（847—859）时茶叶产销列表中有"建州大团，产于建州，状类紫笋，味极苦"的记载[6]，说明建州大团饼茶，形状像紫笋茶。

唐代卢仝《走笔谢孟谏议寄新茶》有诗句曰："开缄宛见谏议面，手阅月团三百片。"[3]这说明，孟谏议寄给卢仝的新饼茶，一包之中有圆饼茶三百片，这种饼茶应属小而薄的圆饼茶。当时卢仝立即亲自动手煮茶，说明这种薄小圆饼茶的珍贵。

唐代袁高的《茶山诗》[3]，如实地记述了顾渚山造贡茶时，采制者的艰辛："……我来顾渚源，得与茶事亲。黎甿辍农桑，采摘实苦辛。……阴岭芽未吐，使者牒已频。……选纳无昼夜，捣声昏继晨。……"

唐代陆龟蒙《茶焙》[3]诗曰："左右捣凝膏，朝昏布烟缕。方圆随样拍，次第依层取。山谣纵高下，火候还文武。见说焙前人，时时炙花脯。"记述了制造饼茶时捣茶、拍茶、焙茶的情景。

唐代皮日休《茶舍》[3]诗曰："阳崖枕白屋，几口嬉嬉活。棚上汲红泉，焙前蒸紫蕨。乃翁研茗后，中妇拍茶歌。相向掩紫扉，清香满山月。"其中蒸紫蕨，印证了陆羽《茶经》中称"紫者上，绿者次"和细嫩芽叶"若薇蕨始抽"的论述。说明制造贡饼茶的芽叶是很幼嫩的。

（二）复原唐代饼茶的设计依据

1. 关于采制时间 陆羽《茶经·三之造》[1]称："凡采茶，在二月、三月、四月之间。"说明必须在春茶季节。

但常有人问，唐代紫笋茶是每年早春"春分"时节采制，清明前运到长安，这样才能赶上皇宫的"清明宴"，这么早能采茶吗？经查阅朱自振《茶史初探》[6]认为"隋唐时期，是中国5000年来的第三个温暖期"，从书中中国科学院南京地理研究所陈家其先生提供的公元200年后的气温变化曲线图，可以看出，隋唐时的气温要比明清时高7～9℃。说明唐代气温高，春分时节茶芽已经萌发，是有茶可采的。

2. 关于采摘嫩度 陆羽《茶经·三之造》[1]称：细嫩芽叶"若薇蕨始抽"。《茶经·一之源》中又称："紫者上，绿者次。笋者上，牙者次。叶卷上，叶舒次。"所谓"若薇蕨始抽"，就是指茶芽萌发后，一芽一、二叶初展时，像蕨草刚从土中抽出时那样卷曲着未完全伸展开的样子。所谓"紫者上，绿者次"这里的紫者是指微紫色的初萌嫩芽和幼嫩芽叶，品质较好，叶子长大后叶色转变为深绿，品质较差；所谓"笋者上，牙者次"是指幼嫩芽叶茶芽如笋状粗壮肥嫩者好，而芽叶长大，叶片全部展开形成对夹叶，中间小茶芽像犬牙状瘦小者就差；所谓"叶卷上，叶舒次"是指幼嫩芽叶，叶片两边叶缘向叶背卷曲或向内卷曲者好，叶子长大以后舒展而平者较差。以上均说明，制造好的饼茶，芽叶原料必须细嫩。

3. 关于饼茶加工工序 陆羽《茶经·三之造》[1]称："晴，采之，蒸之，捣之，拍之，焙之，穿之，封之，茶之干矣。"说明须晴天采摘，饼茶制造有七道工序。

《茶经·二之具》[1]中列出的饼茶采制工具有：籯（采茶篮），釜（蒸茶水锅），甑（蒸茶桶），箄（蒸叶篮），杵臼（捣茶臼），规（压制饼茶的圈模），承（制茶台子），襜（垫模布），芘莉（摊放茶饼的筛子），棨（饼茶穿孔锥刀），朴（穿串饼茶绳篾），焙（烘茶地沟灶），贯（穿茶烘焙用竹条)、棚(焙茶架)、穿(穿串干饼茶的绳)、育(藏茶笼)。

理解《茶经》的上述论述,也就是说,具体采制时,用一种叫赢的竹篮子去采茶。采来的细嫩芽叶,放在小竹篮中待蒸。先在锅中放水,蒸茶桶放在烧水锅上,水烧开后,将装有茶叶的小竹篮置于蒸茶桶中,开始蒸茶。蒸到一定程度(熟)后,提出小竹篮,倒出蒸叶。然后放在杵臼中捣碎。将捣碎的叶子放到圈摸中,压紧压平,然后退出圈模。把刚压出来的饼茶列放在竹筛上去晾干,晾至半干后,用锥刀在饼茶中心穿一孔。用竹篾把茶饼穿成一串串,再把一串串茶饼穿在小竹竿上,置于烘架上,烘架放在烘茶地沟灶上,生火烘茶,烘干为止。最后用绳子穿成一串串,封装好,饼茶就做好了。

4. 关于饼茶加工过程中的注意点 陆羽《茶经·二之具》[1]称:"釜润,注于甑中。"就是说,要注意蒸茶锅中必须有水,水不足时要及时加水,保证有足够的蒸汽量。另外又称:"榖木枝三丫者制之,散所蒸牙笋并叶,畏流其膏。"就是说,蒸茶叶量多时要及时翻拌,使蒸叶上下均匀,并防止茶汁流失。

陆羽《茶经·二之具》[1]称:"襜,一曰衣,以油绢或雨衫单服败者为之,以襜置承上,又以规置襜上,以造茶也,茶成举而易之。"就是说,台子上先要铺一块绢,将圈模放在绢上,压好的饼茶才不会粘在台子上,易于脱模取出饼茶。

陆羽《茶经·二之具》[1]称:焙茶时"茶之半干置下棚,全干,升上棚。"就是说烘饼茶时,半干半湿的饼茶置下层,离火近点,易烘干;烘至近干时,移至上层,离火远点,不会烘焦。

陆羽《茶经·五之煮》[1]称:"其始,若茶之至嫩者,蒸罢热捣。叶烂,而牙笋存焉。"就是说,细嫩芽叶蒸了之后要趁热捣碎,但不必捣得过细,只要芽叶都捣烂了就可,少量嫩茎未完全碎断也不要紧。

(三)唐代饼茶模拟加工工艺流程的设计

工艺路线:采茶→摊放→蒸叶→捣碎→压模成形→穿孔→脱模→初烘

初干→再烘至干。

1. **采茶** 清明前后采摘一芽一叶至一芽二叶初展的细嫩芽叶。

2. **摊放** 为了提高茶叶香味的鲜爽性，将采来的茶叶摊放过夜。

3. **蒸叶** 要求蒸透，达到彻底抑制酶活性的程度。

4. **捣碎** 趁热捣碎，捣至芽叶细碎、尚可见部分细小嫩茎为止。

5. **压模成形** 要求压紧、压平、压均匀，不空边空角。

6. **穿孔** 采用湿饼压孔，使干后规整，不碎裂。

7. **脱模** 脱模要小心，脱模出的湿饼茶要放置平整，不开裂。

8. **初烘初干** 要求烘至表面干燥，不粘手，表面颜色由浅绿变墨绿，然后才能去再烘。

9. **再烘至干** 再烘时温度要先高后低，长时慢烘至里外完全干透为止。

（四）唐代饼茶模拟加工用具的准备

采茶用竹篮子；摊放用篾簟；蒸茶用直径 30 厘米不锈钢蒸锅，2 000 瓦电炉加热；捣碎用大瓷研钵，或用小型绞肉机；垫布用绸布。

规（圈模）：模子是制造饼茶的关键用具。对《茶经》中模子的理解，过去多数人认为，这种模子就好像做糕饼一样的木模（有的书甚至画了图作介绍），填入茶叶，压紧压平后，倒翻过来，敲出茶饼就可。其实，这种理解是错误的。陆羽《茶经·二之具》中清楚地说道："规，一曰模，一曰棬（圈），以铁制之，或圆、或方、或花。"是用铁制的，不是木刻的。是一种方形、圆形或花形的无底圈模（图 1）。

参考宋代熊蕃《宣和北苑贡茶录》，该书附有几十种宋代龙凤饼茶的图形（图 2）。每一种饼茶上都注明是什么材料的圈、什么材料的模。如"竹圈、银模"；"银圈、银模"；"铜圈、银模"等。

说明宋代制造饼茶时，圈和模是分开的，模有龙、凤等各种花纹，而圈只是有一定高度和长、宽或直径的圈而已。历史资料记载的唐代饼茶表面通常没有纹饰，所以不需要刻有花纹的模，只需圈就行了。

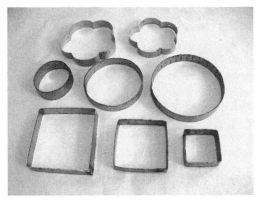

图 1　仿制的唐代饼茶圈模

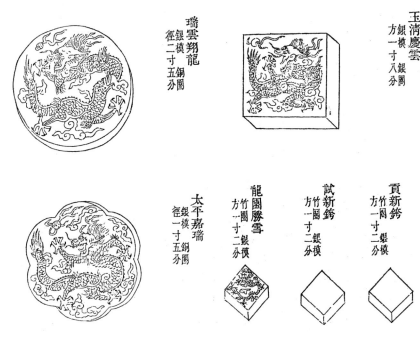

瑞雲翔龍　銀模徑二寸五分　銅圈

玉清慶雲　銀模方一寸八分　銀圈

太平嘉瑞　銀模徑一寸五分　銅圈

龍園勝雪　竹圈方一寸二分　銀模

試新銙　竹圈方一寸二分　銀模

貢新銙　竹圈方一寸二分　銀模

图 2　宋代龙凤饼茶

　　为此，根据上述对圈模的理解，以及对唐代贡品饼茶的推测，认为以小而薄者可能比较受皇室欢迎。这种推测是基于宋代龙凤饼茶的发展历程而作出的。宋代仁宗时，蔡君谟继较大的龙凤茶之后，创造了小龙团。欧阳修《归田录》记述："茶之品莫贵于龙凤，谓之小团，凡二十八片，重一斤，其价值金二两，然金可有，而茶不可得。自小团茶出，龙凤茶遂为次。"说明小饼茶比较珍贵。

为了比较试验的需要，设计了 9 种不同规格的圈模，其中包括 6 种圆圈模和 3 种方圈模（图 3）。

穿孔，用直径 1 厘米的小圆竹棍；列放湿饼茶用竹筛；初烘初干，用热风式名茶烘干机；再烘再干，用恒温鼓风式烘箱。

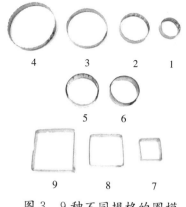

图 3 9 种不同规格的圈模

（五）唐代饼茶的模拟加工实际操作

1. 鲜叶原料 清明前后，即 4 月上旬，采摘一芽一叶至一芽二叶初展芽叶做原料。鲜叶含水量约 76%。

2. 摊放 为了提高茶叶的香气和滋味的鲜爽程度，采用龙井茶传统摊放工艺，将采来的鲜叶薄摊于篾簟上 16 个小时。芽叶稍软，摊放叶含水量约 71%。

3. 蒸青（蒸茶） 蒸锅内放水，蒸锅置电炉上加热，水烧开后，在蒸屉上均匀铺放茶叶约 4 厘米厚，盖上盖子蒸茶 2 分钟蒸好后，立即取下蒸屉倒净蒸叶，并立即摊开。

4. 捣碎 将蒸叶放在大号瓷研钵中，用力反复捣碎茶叶，使芽叶细碎（略可见少量嫩茎）为止。蒸前、蒸后和捣碎叶如图 4 所示。

5. 压模成形 在桌子上放一块厚玻璃板，使压茶底板更平整，在玻璃板上铺一块湿绸布，在绸布上放置圈模。将已捣碎的茶叶放在圈模中，压实、压紧、压平，特别注意边角不漏空。再将绸布掀起一角盖在模中饼茶上，再次紧压，使其更平整（图 5、图 6）。

6. 穿孔 陆羽《茶经》中的穿孔，是在晾至半干的茶饼上用锥刀进

图 4　蒸前、蒸后、捣碎叶

图 5　压制饼茶

图 6　压制时要压实压平整

行的，这样孔的大小及光洁度不易掌握。因此，本试验改在压模后进行。用一根直径 1 厘米的小圆竹，对准饼茶中心压穿成圆孔。

7. 脱模 穿孔后，小心地取出圈模，注意不能把饼茶弄破损，保持饼茶的光洁平整（图 7）。

图 7 退出模的饼茶

8. 列茶初烘 将压成的湿饼茶，小心列放在竹筛中。将列有湿饼茶的竹筛放在热风式名茶烘干机上进行初烘。烘至饼茶底面稍干后，将饼茶翻面，烘另一面。烘至两面都不粘手，颜色由浅绿转为深绿色，并有一定硬度后进行再烘。初烘温度 100～110℃，时间 15 分钟左右（图 8）。

图 8 初烘至两面稍干不粘手

9. 再烘至干 将初烘后的饼茶列至摊有纱布的烘帘上，放在鼓风式恒温烘箱里，温度掌握先高后低。烘干分短时与长时两个处理：

（1）11 小时烘干：前 5 小时为 105℃，后 6 小时为 70℃。

（2）20 小时烘干：前 1 小时为 105℃，后 19 小时为 60℃。

烘至足干为止。烘干后的饼茶色泽深灰绿色至绿褐色（图9）。

图9　放在烘箱中再烘至干

10. **装袋保存**　烘干后的饼茶凉透后，放入复合薄膜袋中封口保存，防止受潮变质。

（六）唐代饼茶试制品的形态、大小和质量

唐代饼茶的试制品，由于采用了9种圈模，因此有9种形态的产品。包括6种大小圆饼茶和3种大小方饼茶（图10）。

图10　9种不同规格的饼茶

这9种饼茶经实际称重后，不同规格的方、圆饼茶，其单只重和折算成唐代每斤饼茶的只数如下表所示（注：参阅丘光明《中国历代度量衡

考》[7]，书中介绍了出土唐代衡器 34 件，有银锭、银锅、银碗、银盘等，按当时的标明记载重量与现代称重进行换算后，平均每（唐）斤为 661克。每（唐）斤为 16 两，即每（唐）两 = 41.31 克；每（唐）两为 10 钱，即每（唐）钱 = 4.131 克。按此标准计算出下表的数字）。

唐代饼茶试制品的重量

所用圈模号	茶　饼	现代单只重（克）	唐代单只重（钱）	每唐斤只数（只）
1	圆饼	5.20	1.26	127
2	圆饼	10.75	2.60	62
3	圆饼	20.67	5.00	32
4	圆饼	34.00	8.23	19
5	圆饼	15.60	3.77	42
6	圆饼	12.00	2.90	55
7	方饼	6.67	1.62	99
8	方饼	15.56	3.77	42
9	方饼	26.00	6.30	25

具体煮茶时，要将茶饼碾碎成茶末，煮一碗茶要用多少茶末呢？

唐代苏廙《十六品汤》"第六，大壮汤"中说道："一瓯之茗，多不二钱"；陆羽《茶经·五之煮》中讲道："凡煮水一升，酌分五碗"；陆羽《茶经·四之器》"则"中讲道："凡煮水一升，用末方寸匕，若好薄者，减之；嗜浓者，增之。"据试验测定，1 立方（唐）寸茶末约为 12～13克。1（唐）升为 600 毫升。煮 600 毫升水放 13 克茶末，与现代泡茶，150 毫升水放 3 克茶差不多。但现代是泡茶，不是煮茶，而且习惯一杯茶多次加水冲泡。如果是一次性冲泡的红茶袋泡茶，每袋茶也只有 1.5～2克。因此，试验唐代煮茶，参考一次性冲泡袋泡茶的用茶量，同时考虑到煮茶比泡茶浸出量大，一锅煮水 1（唐）升（相当于 600 毫升），其用茶末量应小于 8 克。这个推算，可作为试验唐代煮茶的参考。

陆羽《茶经》论述的饼茶汤色是黄色甚至显红色。陆羽《茶经·五之煮》中讲到饼茶煮出的茶汤"其色缃也"（缃则是浅黄色）。陆羽《茶经·四之器》中介绍茶碗时，认为越州瓷碗比邢州瓷碗好，理由是"邢瓷白而茶色丹，越瓷青而茶色绿"。意思是说白色瓷碗盛茶汤，茶汤显红色；而用青瓷碗盛茶汤，能使茶汤看上去是绿色的。试验用两种不同瓷色的茶杯盛装同样茶汤的汤色效果如图11所示。《茶经·四之器》又说："越州瓷、岳州瓷皆青，青即益茶。茶作白红之色，邢州瓷白，茶色红；寿州瓷黄，茶色紫；洪州瓷褐，茶色黑，皆不宜茶。"从客观科学意义上来看，白色瓷碗最能反映茶汤的真实色彩，可见唐代饼茶由于烘焙时间

图 11　同样的茶汤用不同瓷色的茶杯其汤色效果

图 12　唐代饼茶试制品的汤色

很长，因此煮出的茶汤汤色通常是黄红色或浅黄色的。

将唐代饼茶试制品，按照陆羽《茶经》介绍的煮茶法进行煮茶，获得的茶汤确实是黄色，甚至是黄褐色的。如果是浓茶汤，还稍显红褐色（图12）。

（七）仿唐代饼茶规模生产的建议方案

经过初步小试，已经比较成功地获得了唐代饼茶的试制品，有方饼

茶，也有圆饼茶，而且应用于煮茶试验，也获得了成功。因此，为适应茶乡旅游业的发展，如果有必要进行仿唐代饼茶的规模生产，可根据如下建议方案来实施。

（1）鲜叶：春茶幼嫩芽叶，一芽一叶至一芽二叶。

（2）摊放：摊放一夜。

（3）蒸茶：可采用小型汽热杀青机进行蒸汽杀青。

（4）捣碎：可采用转子揉切机（类似于绞肉机）进行绞碎。

（5）压模成形：可设计成手压式模压器，压成一饼后，抽去底板，脱出饼茶。

（6）初烘初干：采用热风式名茶烘干机进行。

（7）再烘再干：可采用慢速自动烘干机或糕饼食品烘干机进行。

主要参考文献

[1] 陆羽．茶经．北京：中华书局．2010.

[2] 程启坤．论唐代茶区与名茶．农业考古·中国茶文化专号，1995（2）.

[3] 钱时霖．中国古代茶诗选．杭州：浙江古籍出版社，1989.

[4] 郑培凯，朱自振．中国历代茶书汇编（上册）．香港：商务印书馆，2007.

[5] 巩志．中国贡茶．杭州：浙江摄影出版社，2003.

[6] 朱自振．茶史初探．北京：中国农业出版社，1996.

[7] 丘光明．中国历代度量衡考．北京：科学出版社，1992.

程启坤　中国农业科学院茶叶研究所研究员，主要著作《中国茶文化》(合著，上海文化出版社，1991 年)、《世界茶业 100 年》(合编，上海科技教育出版社，1995 年)、《中国茶经》(合编，上海文化出版社，1992 年) 等。

陆羽《茶经》所见地方上的茶与现代东亚的茶叶生产

中村羊一郎

一、茶叶利用的开始与传播的经纬

关于人类何时、以怎样的契机开始利用茶当然没有确凿的证据。传说神农尝百草，日遇七十二毒，得茶而解之，是为饮茶之始。不管这是不是事实，茶里含有某种作用于肉体或者精神的物质是毫无疑问的。2005年，笔者曾在老挝听到过关于少年时代第一次吃茶的感受。这里所谓的吃是指茗也就是腌茶，老挝也有制作，那人说他感觉非常兴奋。这使我们注意到茶作为兴奋剂与咖啡等一样有一种向精神性。到处都有就寝前的茶让人睡不着的经验之谈。

就是说茶的一个效用是以清醒作用为中心的精神效果，而另一个是被称为消毒的肉体上的药效。关于这个药效又产生了新的传说。比如老太太给身疲力竭的马援将军的士兵们擂茶，喝了茶的士兵们立刻精神百倍就是其中的一例。恐怕很难否认茶以很强的药效被广泛接受，并进一步传播。

一方面生活在中国云南省的基诺族有三国时代的英雄诸葛亮给他们茶，于是开始种植茶的传说。而生活在缅甸掸邦的崩龙族（相当于中国的德昂族），有从蒲甘王朝（1044—1287）第四代王阿隆悉都（1112—1167年在位）开始得到茶的种子，生活变得富裕的说法，其故地南桑在祭祀王的佛塔和据说是当时的种子培育起来的高大茶树（原来的茶树近年已经枯死，尽管现在已经是第二代，但仍然很高大）。两者的共同之处是通过种植由英雄下赐的茶并贩卖，贫困乡村的生活变得富裕起来。因此，这种下赐茶叶的传说是在茶作为商品产生了很大的利益的认识普及之后产生的。

要说为什么茶会成为商品，无疑在其药效。

当茶的根本的价值被这样认识后，茶就从被视为原产地的中国西南部（云南等）向东西扩大分布。很可能就是这些认识到茶的价值的刀耕火种的人搬运着茶的种子。比如说从云南到缅甸，再到印度东部广泛分布的景颇族就是主要的力量。

那么，为了从植物的茶中提取精华需要什么方法呢？最单纯的方法就是神农传说的故事中所说的咀嚼生叶。为了缓解口渴而咀嚼生叶的习惯通过缅甸东部掸邦的这个实力得以确认。然后是通过水煮提取叶子精华的方法，其中包括煮鲜叶和煮烤后叶子的"烤茶"。不管哪种都是当场的利用法，不能保存。由此想出了更加有效地提取精华，并且也适合保存茶叶的方法。一个方法是为了食用茶叶而加工成腌菜，另一个是为了防止茶叶变质而杀青干燥，需要时注入开水提取精华饮用的方法。在这两个方法中，饮用高度普及，而食用的方法除了缅甸人喜爱的 Lapet Soe，只有中国布朗族的竹筒酸茶和泰国北部的茗，成为非常罕见的习俗。

这里无法详细讨论，笔者认为在食用与饮用之间没有前后演变的关系，它们在不同的地方产生，随着时间的推移饮用法超过了食用法。最主要的原因是专注于饮用法并且不断开发新的制茶与享用的方法的中国人（汉族）在政治、经济上对于亚洲有绝对的影响力。为了理解《茶经》，必须认识这个背景。

二、《茶经》里的制茶法

陆羽在《茶经》中把饼茶放在了中心地位。其制法简单地说就是蒸、捣、定性、焙干。在一连串的制茶工序中，给予高度关注，对于生产用具也严密要求，在至今所知道的制茶法中看上去特别复杂。而且到了宋代精致到了极点，连茶的色香味都发生了变化，也就是所谓的蜡面茶。

但是这并不是唐代制茶法的全部。在《茶经·六之饮》里，记载了包括这种饼茶在内的 4 个种类，即觕茶、散茶、末茶、饼茶，只是没有具体

的制茶方法的说明。下面是布目潮沨的解释[1]:

觕茶，同粗茶。连枝切断，焙，煮沸饮用。

散茶，散就是零散，应该是叶茶吧。也有可能是炒青茶。

末茶，焙后粉碎的茶。

饼茶，《三之造》中的固形茶。

不过程启坤把觕茶解释为品质低劣的饼茶。《茶经》中确实有关于低品质饼茶的记载，但是那说的是饼茶的等级，所以应该把觕茶解释为使用其他制法加工的粗糙的茶。

那就把陆羽时代并存的这 4 种茶与现代东亚各地加工的日常的茶的制法相比较，确认其地位。笔者把日本的那些日常的茶总称为"番茶"。这个"番茶"的概念与茶的滋味、价格无关，只是客观地把茶作为研究的对象，在日本、中国、东南亚这些传统茶叶产地，会有助于茶文化的研究。后面会具体阐述这里所看到的 4 种茶竟然与日本各地残存至今的"番茶"相吻合，再回到《茶经·六之饮》，看看与日本"番茶"的相同点。

觕茶是日本山村非常普通的利用法，相当于被称为烤茶的种类。具体地说，只要把折下茶树枝在就近的柴火上烤，然后放入药罐里煮，也有时用竹子串起鲜叶放在炉子里烤后煮。

散茶的制法很可能就是蒸后干燥。铁锅普及是稍微晚一些的时代，不论在哪里蒸都是最原始的方法。蒸后晒干的东西一眼看去就像落叶，称之为散茶真是再合适不过了。例如在爱知县丰田市足助隆冬制作的寒茶就是砍取山茶枝，直接放进桶里蒸过的叶子干后即可。在四国的德岛县海阳町内宍喰可以看到同样的事例。不仅制法简单，不论什么季节只要需要就可以制茶，由此可见茶的日常需求。

末茶不必想像成现在的高级抹茶。番茶水平的茶叶磨碎，把粉末放入开水即可。只是没有使用石磨，把茶叶捣碎更简单。就像干辣椒放进竹筒用棒子捣碎，各种香辛料放进小臼捣碎等例子。煮这些碎片与饼茶的饮用

---

[1]　布目潮沨《茶经详解》，淡交社，2001 年，第 161 - 162 页。

非常相似。

饼茶的制法如果与朝鲜的钱团茶不同的话，中国各地的少数民族和日本的类似例子却不少。其制法细致入微，达到惊人复杂的程度。但是如果分解加工工艺各要素可以发现，现在都可以看到，饼茶的制法不过是其组合而已。

首先"蒸"的杀青方法非常普遍，并非值得特别一提的技术。之后"捣"蒸青后的茶叶好像稀奇，其实直到最近都可以在日本番茶的加工里看到。比如香川县三丰市高濑町把蒸过的茶叶放在臼里捣，然后把放进桶里腌渍发酵后的东西日晒干燥。为了便于干燥切成适当大小，铺在竹匾上放进竹棚，排列起来干燥。饮用时削下放入开水里，如果想喝更浓的可以煮。另外，在缅甸的钦邦有用竖杵捣鲜叶制作自家用红茶的家庭。在臼里捣就是揉捻工艺，考虑到效率而采用了多种多样的方法。因此作为《茶经》中的制法的臼捣并不是稀奇。

然后看压制成圆盘状干燥。这是普洱茶的制法，而且请注意与在缅甸的克钦邦随处可见的竹筒茶的相似之处。在克钦邦，景颇族喜爱的竹筒茶的制法如下：炒青茶叶揉捻后干燥，塞入新竹筒，用棒子捣实，塞上栓子放在围炉上的棚架上保存。长久以后，竹筒被煤熏黑，里面的茶也有烟熏味。饮用时削掉竹子，里面坚硬的茶也是削下放入开水里煮。这在印度的旁遮普邦住在红茶园外的景颇族里也看得到。竹筒茶携带方便，缅甸人在山区工作时把它放在袋子里随身携带。固形茶出于保管和运输方便的考虑，把要运送到边境的茶粗加工成固形理所当然。彻底干燥当然是为了防止保存中变质。

饼茶在饮用前要焙，就像煮番茶一样，为了增加香气，这在中国和日本都看得到。例如云南拉祜族的烤茶也许可以说是一例，日本各地的番茶在饮用前稍加焙炒的习惯随处可见。

当然，无法断定如此多样的制法在唐代全部使用，相反也许还有是唐代饼茶的技术部分地被各地传承的反驳意见。但是，与其说如此多样的技术全部起源于饼茶，还不如说各地的技术产生在各地，或者因为局部的传播而被继承至今更加现实。因此，即便是唐代超高级的饼茶，把其制造方法和饮用方法分解成要素，剥去为了适合上层社会所作的装饰就可以发现，全部遵循着普遍的茶叶利用的原理、原则，并不是新开发的技术。相反，或许可以说组合这些技术，并把它们理论化正反映了陆羽的创造能力。

三、多种制茶法、利用法共存

《茶经》里的 4 种制茶法在幅员辽阔的中国的哪里应用呢？《茶经·八之出》中列举了陆羽掌握的产茶地，其中有指明等级的地方。关于这些出现的地名，布目潮沨作了详细的考证，从四川省开始，到湖北省、江苏省、浙江省，在地图上标明以长江流域南北的地区为中心，指出广东省和广西壮族自治区都只有一处，云南省则一处也没有。"可以看作是中国的饮茶从四川省沿江而下传播的一个证据"[1] 但是，被视为茶（Camellia Sinensis）的原产地的中国西南部、特别是云南省没有关于茶的记载究竟是为什么？松下智根据丰富的中国现地调查经验，认为茶的原产地与开始利用的地点（民族）不同，瑶族最初开始利用茶，然后汉族吸取并进一步发展，云南省南部的茶业的开发没有早到汉代，而是从元代到明清开发的。[2] 就是说陆羽时代的云南省还没有利用茶的习俗。陆羽列举茶的产地，还不时加以评价。这是在当地见到，或者确认了制品，总之得到了确实的资料。云南茶之所以没有出现在《茶经》里就像松下所说的，尽管有茶树，却没有利用茶。或者因为陆羽完全没有云南省的情报，无法记载，这也不是不可能。

但是，请注意《茶经·一之源》中例举了"茶·檟·蔎·茗·荈" 5

---

① 布目潮沨《绿芽十片——历史上的中国饮茶文化》，岩波书店，1989 年，第 170 页。

② 松下智《茶的民族志——制茶文化的源流》，雄山阁出版，1998 年，第 312 页。

个茶的称呼。这是用汉字标记熟悉茶的民族的语言（发音）。其中的茗与前面提到的云南省的少数民族或者缅甸的食用茶同音。因此，如果陆羽知道像布朗族的竹筒酸茶这种食用茶的存在，当然会作为应该否定的利用法而记载。当然，如果像松下智所说的作为腌菜的食用方法是受咀嚼槟榔刺激而开始的话，就不可能出现在《茶经》里，《茶经》里用"茗"记载的茶的别称无疑指的是食用茶。可以理解为即便听到民族独特的茶的称呼，也没能了解具体状况，这就是没有记载食用茶的原因。

专注于饮用的《茶经》里有表现制茶后饮用方法多样性的内容。《茶经·六之饮》里有"或用葱、姜、枣、橘皮、茱萸、薄荷之等煮之百沸，或扬令滑，或煮去沫，斯沟渠间弃水耳"的记载，例举了在茶里混杂多种材料煮的"羹"，以强硬的口吻否定这种利用法，主张饮用纯粹的茶。但是，这个羹的利用法反映了茶不仅仅是饮用，还可以作为烹饪的素材利用，有饮用以外的利用法更值得关注。现在日本还在用煮番茶的茶水做茶粥。应该承认在中国备受欢迎的八宝茶也留有其痕迹。

另外还想指出一个《茶经》中没有被重视的一个记载。这就是饮用时加盐。讲究玩味纯粹的茶的陆羽为什么不排除盐呢？或者是自己判断加盐之后茶的味道更加深厚吗？在日本 17 世纪的文献里可以看到往茶里加盐饮用的记载，缅甸掸邦到处可见茶水加盐饮用的习惯。但是中国到了元代加盐的记载就不见了。这个茶与盐的关系问题应该得到更多的注意。[①]

陆羽以后茶在中国社会快速普及，到了宋代为了向皇帝贡纳而制造特别的茶。高桥总结了宋代社会多种多样的制茶法、饮茶法[②]：

饮用法：煎茶法——茶磨成粉末后煮的饮茶法

　　　　点茶法——茶磨成粉末后开水搅拌饮用的饮茶法

邢台：建茶——以北苑茶为代表的福建产高级固形茶

---

① 中村羊一郎《番茶和盐》，《O‐CHA 学研究》，静冈产业大学 O‐CHA 学研究中心，2009 年。

② 高桥忠彦《中国饮茶的重层性》，《亚洲游学》，2006 年。

草茶——日铸茶、双井茶、顾渚茶等高级叶茶

土茶——各地产各种固形茶、叶茶

末茶——磨成粉末贩卖的茶

进而指出从高级茶向廉价茶，消费阶层从宫廷到文人、隐逸、民间。与陆羽时代相比，不仅产地扩大，继承唐代的制茶法，存在多种制茶法、饮茶法。之后，炒青茶普及，蒸青茶在中国没落，多种制茶法都传播到了极东的日本并应用至今。

这里整理一下日本的制茶法和饮用法。日本确凿无疑的饮茶记录是《日本后记》中记载的在 815 年永忠向嵯峨天皇献茶。当时的朝廷和寺院憧憬唐文化，可以推测中国风格的饮茶也就是制造、饮用饼茶。到了 13 世纪，从宋回国的荣西传播了宋式抹茶法，与后代茶道相连的历史人所共知。但是不同于这种抹茶法，就像前面《茶经》中茶的多样性一样，各种番茶的制法传承到了现在。这里所能够见到的多种制茶技术拥有就像前面提到的构成唐代饼茶制造技术的丰富要素。下面看几个例子。

制茶法基本要素的比较（限于可保存的茶）

饮用茶	采摘	杀青	揉捻	干燥	形态	饮用法
《茶经》	摘芽	蒸	臼捣	串起焙炉	固形	煮粉末
日本碾茶	摘芽	蒸	×	焙炉	叶	溶粉末
日本煎茶	摘芽	蒸	手揉	焙炉	叶	开水浸出
香川番茶	砍枝	蒸	臼捣→腌	→日晒	固形	开水煮
普通番茶	摘芽	锅炒	桌上揉	日晒	叶	开水煮
阴干茶	砍枝	蒸	×	阴干	叶	炒，开水浸出
冈山番茶	剪叶	×	×	阴干	叶	开水煮
阿波番茶	砍枝	煮	揉捻→腌	→日晒	叶	开水浸出
土佐棋石茶	砍枝	蒸	熏制→腌	→日晒	固形	茶粥素材

可见东亚东端的日本尽管国土狭小，还是存在多种制茶法。可以说出现在《茶经》的制茶工序中的诸要素至今还在日本使用。现在的日本尽管没有"吃"茶（沏泡后的玉露因为柔软而被食用只是再利用），阿波番茶

和土佐棋石茶等细菌发酵的腌茶与东南亚有共同点，而且也许日本也曾经吃过茶叶，濑户内海的岛屿经常像茶粥那样作为烹饪素材使用，而不是饮茶。

其实看一下中国现在的八宝茶（日本的王服茶）、蒙古等在砖茶里加入各种材料的利用法可以说《茶经》所否定的多种利用法生存在亚洲各地。

今后计划尤其是进一步考察残留在中国和东南亚各地的丰富的茶叶的实际情况，研究茶叶利用的起源及其之后的发展过程。为此，抛弃茶的品质和价格等今天的评价体系，基于客观的茶叶利用真实状况的比较研究至为重要，用人类学的观点进行细致的田野调查是最有效的方法。

中村羊一郎　静冈产业大学情报学部特任教授，主要著述《茶的民俗学》(名著出版 1992 年)、《番茶与日本人》(吉川弘文馆 1998 年)、《茶叶王国静冈的诞生》(静冈县文化财团 2012 年) 等。

四、《茶经》与日本

《茶经》对古代日本的影响

中村修也

一

陆羽字鸿渐，是唐代人，一般认为他生于公元733年，卒于804年。陆羽《茶经》在日本很有名，从根本上说他是文人。一名疾，字季疵，号桑苎翁，也被称为竟陵子。弃儿的出身也很有名，3岁的时候被竟陵龙盖寺的智积禅师抚养。当然要随智积修行，然而他的性格与佛教不合，于是离开寺院，加入了剧团，撰写了剧本。

天宝年间（742—756），被竟陵太守李齐物看重，重新学习。之后，与竟陵司马崔国辅交友。至德元年（756），为避安史之乱来到江南。约上元元年（760），隐居吴兴（今浙江湖州），与释皎然结下了忘年之交。也就是在这个时期撰写《茶经》三卷，建中元年（780）完成。进而在大历年间（766—779）参加了湖州刺史颜真卿主持的《韵海镜原》的编撰。

就是说，陆羽在20岁前后再次学习，由此走上了文人的道路，成为可以被颜真卿认可的文人。因为认定《茶经》大约完成于760年，所以是陆羽隐居吴兴时所撰。如果这样，《茶经》在中国广为人知当是在陆羽认识颜真卿之后，考虑到流传普及所需要的时间，至少是780年以后的事情。这时在中国的日本大使是谁呢？

简单的通览一下当时的遣唐使。

仅仅从这里看，可能直接与陆羽会面的人只有以布势清直为大使的遣唐使们。但是有很多著作是在作者去世后广为流传的，所以藤原葛野麻吕和藤原常嗣所率领的遣唐使在长安听到对于陆羽和《茶经》的评价的可能性也很大。这里，布目潮沨有自己的推测。

出 发	大 使	回 国
779 年 5 月	布势清直	781 年 6 月
804 年 7 月	藤原葛野麻吕	805 年 6 月
838 年 7 月	藤原常嗣	839 年 8 月

首先，日本最初的饮茶记载出现在《日本后纪》卷二四弘仁六年 (815) 四月二十二日的纪事中：

> 幸近江国滋贺韩埼，便过崇福寺。大僧都永忠、护命法师等率众僧奉迎于门外。皇帝降舆，升堂礼佛。更过梵释寺，停舆赋诗，皇太弟及群臣奉和者众。大僧都永忠手自煎茶奉御，施御被，即御船泛湖，国寺奏风俗歌舞。五位已上并掾以下赠衣被，史生以下郡司以上赐绵有差。[①]

这里，有当时的嵯峨天皇在梵释寺接受大僧都永忠献茶的记载。布目潮沨由此推测"僧永忠在奈良时代的约 770 年去中国，跟第十六次遣唐船在 804 年回国，在唐逗留了 30 余年，养成了唐朝的风俗习惯，熟练掌握了当时已经普及到民间的饮茶。"进而，关于嵯峨天皇饮用了什么样的茶，根据嵯峨天皇在藤原冬嗣邸所咏汉诗里的"吟诗不厌捣香茗"（《凌云集》），"'捣茗'说的是在《茶经》里的饼茶的制法里，蒸后用杵臼捣茶叶。因此，嵯峨天皇饮用的茶就是《茶经》中所说的饼茶。"

尽管在中国，佛教寺院什么时候开始饮茶尚不明了，但是永忠留学时已经在饮茶。并且高桥忠彦已经指出，在唐代的首都长安，饮茶习俗已经普及。因此，永忠在唐朝接触茶，养成饮茶习俗的可能性很大。之后，自然而然出现了弘仁六年向嵯峨天皇献茶的一幕。

但是，永忠所体验的茶与陆羽《茶经》所记载的茶究竟是不是一回事另当别论。

---

① 藤原绪嗣等：《日本后纪》，吉川弘文馆，1972 年。

因为《日本国见在书目录》中没有《茶经》。《日本国见在书目录》是9世纪下半叶当时日本现存的汉籍目录，由藤原佐世撰写。成书年代还不是很确定，大约在贞观十七年（875）—宽平十七年（891）。就是说，如果把信任《日本国见在书目录》作为前提，到9世纪末为止，《茶经》还没有出现在公共空间。可以得出以下的结论：①永忠在唐朝时《茶经》已经完成；②永忠在唐朝时养成饮茶习惯，然后用茶接待嵯峨天皇；③《茶经》在永忠的时代尚未传入日本。

如果永忠在唐朝经常饮茶，而且读了陆羽《茶经》的话，理应带回《茶经》。把唐朝最新的文化和相关的书籍带回日本，即便对于他回国的地位提升没有意义，至少没有负面作用。

事实上，《茶经·六之饮》说：

> 茶之为饮，发乎神农氏，闻于鲁周公。齐有晏婴，汉有扬雄、司马相如，吴有韦曜，晋有刘琨、张载、远祖纳、谢安、左思之徒，皆饮焉。滂时浸俗，盛于国朝，两都并荆俞间，以为比屋之饮。

描述了长安、洛阳饮茶盛行。也就是说即便没有《茶经》，来到长安、洛阳的遣唐使、留学僧们也可以自然而然的接触到茶。

从设置茶园上看，永忠在梵释寺兴高采烈地向嵯峨天皇献茶，嵯峨对茶也很满意。然而没有永忠传入《茶经》的痕迹，甚至永忠以后的遣唐使也没有带回《茶经》。

如何理解这个现象呢？理论上只有一个答案。永忠和之后的遣唐使们虽然在唐朝长安亲身感受了茶，但是没有看到陆羽《茶经》。

二

《日本国见在书目录》记载的书目中值得注意是白居易的诗文。"《白氏文集》七十，《元氏长庆》廿五，《白氏长庆集》廿九"，可见被大量地进口。白居易生于大历七年（772），卒于会昌六年（846）。800年，29岁时进士及第，历任翰林学士、杭州·苏州刺史等，842年71岁时以刑部尚书致仕，74 岁时亲自编辑《白氏文集》七十五卷。日本在白居易尚在世的承和十一年（844）已经通过留学僧惠萼传来六十七卷本的《白氏文集》。

不知道 804 年回国的永忠与白居易的关系是否密切，但是恐怕应该听说过 800 年以 29 岁的年龄科举合格的白居易。白居易在 836 年成为太子少傅，当时的外国使者应该充分了解他在朝廷的评价。

太田次男说："像白居易那样长寿，而且在中国也被广泛欢迎的诗人，对于偶尔作为遣唐使等前往中国的外国人来说，再加上对于先进国家的盲目憧憬，毫无疑问会非常自豪地把当时流行的著名作品带回国。那么再想象一下，仅仅因为崇拜白居易文学而把白居易的茶也带回来。同样难以想象，一定要见到白居易，接触到白居易的茶，才把饮茶的习惯引入到日本。"

首先，白居易喜欢茶。下面把布目潮沨的相关研究片断介绍给大家。例如《白氏文集》卷一四《萧员外寄新蜀茶》中"蜀茶寄到但惊新，渭水煎来始觉珍"。四川的新茶被寄到长安，白居易对它倍感兴趣。

进而，《白氏文集》卷一九《新昌新居书事四十韵因寄元郎中张博士》中有"蛮榼来方泻，蒙茶到始煎"。根据布目的研究，这里的蒙茶与前面的蜀茶一样，"蒙山茶指蒙山顶上出产的茶，蜀茶的代表"。不过，因为蜀茶还没有在四川以外的地区流通，"白居易在长安、苏州时得到的蜀茶、蒙茶是朋友特别寄赠的，是特别值得珍重的名茶"。

如果这样的话，白居易的朋友正是因为知道他爱好饮茶才会特别寄送，可以说诗正是了解白居易喜爱茶的渠道。《白氏文集》卷六四《晚春闲居杨工部寄诗杨常州寄茶同到因以长句答之》中有"闷吟工部新来句，渴饮毗陵远到茶"。诗中歌咏了友人杨虞卿从毗陵（今江苏省常州市）寄赠的茶，这也是知道白居易喜欢茶的友人从远方赠茶的诗。此外的咏茶诗还有很多，高桥忠彦正在逐一翻译，请参阅。正如高桥所指出的，"白居易在中国茶文化史上有重要的作用，他不是研究制茶、饮茶的方法，而是在文人生活中吸收茶"。白居易作为文人很年轻就科举及格，其才能在长安广为人知，进而又有左迁的悲剧，这反而使他更加出名，他的诗文也被更加广泛地阅读，白居易所嗜好的饮茶也进一步被中国文人接受。

这并没有仅仅停留在中国文人中，来自遥远日本的遣唐使、留学僧们也与白居易的诗文一起，感受了白居易所喜爱的茶，可能正是因此才传播到了日本。孙昌武说："白居易晚年居住在洛阳，与很多僧侣交往。"指出出现在他的诗文中的僧侣就有百人以上。日本的留学僧很可能在那里会听说白居易与僧侣广泛交往。尽管不知道永忠是否直接与白居易会面，但是受白居易饮茶嗜好影响的可能性很大。

三

在这里需要探讨白居易对于平安时代的日本的影响。对于其巨大影响力的研究在文学领域有丰硕的成果。例如太田次男就指出："《白氏文集》在承和初年传来，之后以不说胜过中国至少是不亚于中国的势头被接受、流行。"

审视永忠献茶的嵯峨天皇时代白居易的影响时，必须看《日本文德天皇实录》仁寿元年九月二十六日的藤原岳守的卒传：

> 散位从四位下藤原朝臣岳守卒。岳守者，从四位下三成之长子也。天性宽和，士无贤不肖，倾心引接。少游大学，涉猎史传，颇习草隶。天长远年，侍于东宫，应对左右……承和元年授从五位下，三年兼为赞岐介，迁为左马头，赞岐介如故。五年为左少弁，辞以停耳不能听受，出为大宰少贰。因检校大唐人货物，适得元白诗笔奏上。帝甚眈悦，授从五位上……卒时年四十四。

卒传罗列比较客观的事实，官位升进也不会虚假记录别人的事情，值得信赖。唐商人以大宰府为中心活动，在检查中发现白居易的诗文，把它献给仁明天皇时大喜，于是岳守的官位从从五位下升到了从五位上。仁明天皇是嵯峨天皇的儿子，承和五年（838）时嵯峨天皇尚在世。

上面的记载证明了北九州的唐商人作为交易品带来了书籍等文化产品，大宰府任少贰的官员也人所周知嵯峨、仁明爱好汉文学。

这也是非常有名的故事，《江谈抄》第四（一）～（五）里记载了引用《白氏文集》，嵯峨天皇测试小野篁文才的事情。

故贤相传云：白氏文集一本诗渡来在御所。尤被秘藏，人敢无见。此句在彼集。睿览之后，即行幸此观，有此御制也。召小野篁令见，即奏曰：以遥为空弥可美者。天皇大惊敕曰：此句乐天句也。试汝也。本空字也。今汝诗情与乐天同也者。文场故事尤在此事。仍书之。

由此可见，白居易的文化影响力在嵯峨朝有多大。最澄、空海也都是在嵯峨朝回国，他们也留下了饮茶史料。理所当然，二人在唐接触饮茶文化，回国后还想维持饮茶文化。空海《遍照发挥性灵集》卷第四所载弘仁五年闰七月二十八日空海《献梵字并杂文表》里：

空海……久卧尧帝之云。窟观余暇，时学印度之文；茶汤坐来，乍阅震旦之书。

尧帝也就是嵯峨的治世之下，空海喝着茶，读着中国的书。相反，在《经国集》里，嵯峨有一首汉诗《与海公饮茶送归山》，表明两人交流饮茶。弘仁六年四月接受永忠献茶的嵯峨爱茶，六月三日下令在畿内、近江、丹波、播磨等种植茶树，"每年献之"。想到留学僧的回国，《经国集》、《凌云集》、《文华秀丽集》等汉诗文的隆盛，到此为止都在说永忠献茶，必须同时思考永忠他们带回来的白居易的诗文的影响。

津田洁指出：《旧唐书·白居易传》载"所著歌诗数十百篇，借意存讽赋……往往流闻禁中"，"他的名声在政治社会不可动摇。同时，作为《长恨歌》作者的文名也逐渐上升。"白居易的大名无论在政界还是在文坛都是无人不晓。

中村修也　文教大学教育学部教授，专攻日本茶道史、古代史。主要著作《秀吉的智略"北野大茶汤"大检证》（合著，淡交社，2009年）、《从书信看千利休的一生》（合著，同朋舍媒体计划，2008年）、《日本神话》（吉川弘文馆，2011年）等。

陆羽《茶经》和冈仓天心《茶书》

熊仓功夫

一、序

就像陆羽《茶经》是唐代茶文化的代表作，冈仓天心（1862—1913）的《茶书》是近代日本茶文化的代表作。

众所周知，冈仓天心对于近代日本美术产生了很大的影响。其实不仅是美术的世界，在思想、文化等方面也同样拥有重要的地位。但是，更加重要的是《东洋的思想》之后的英文著作向欧美介绍日本文化。特别是其中的《茶书》，发挥了通过茶道，以媒体的敏锐感觉，把处于亚洲边缘的日本的优异性传达于世的作用。日本人阅读翻译成日语的《茶书》，重新认识茶道的价值是在纽约出版最初的英文版《茶书》的 23 年之后。在这期间，《茶书》在美国唤起了一种流行，相继被翻译成法语、德语等，得到更加广泛的阅读。2012 年恰逢冈仓天心去世一百周年，其中有何因缘吧。

二、《茶书》中唐宋时代的茶

天心在使用《The Book of Tea》这个书名时，想必脑海里会呈现出《茶经》的身影。如果翻译《茶经》的书名会得出同样的结果。无疑，天心在写现代的《茶经》。当然它们的体例完全不同……

《茶书》中的第二章"茶的流派"中叙述了茶的历史，提到了《茶经》。首先从引用开始。以下《茶书》的译文全部引自大久保乔树氏的《角川智惠文库》版。在至今为止的翻译中最容易理解。

茶摆脱粗野状态（引者注：指四—五世纪）向高度理想化发展需要等待唐的时代精神的出现。八世纪中期，陆羽开始了茶的传道。促使他诞生的是儒道佛三教的思想逐渐走向统合的时代，从一个个具体的事物中体现普遍的真理这种泛神论的象征主义普及。在其影响下，诗人陆羽重新认识饮茶生活中支配万物的调和和秩序。他撰写了著名的《茶经》，把理所当然的茶事定型化，从此作为茶商的守护神得到崇敬。

天心在原文中把《茶经》写作"Chaking"（The Holy Scripture of Tea）。"茶商的守护神"的定位对他把《茶经》视为圣典做了说明。此事记录在陆羽去世后撰写的《大唐传载》中，中村乔说："陆羽谢世不久，市井就已经把他作为茶神祀奉。而且在茶店，当生意兴隆时在像前设供，在生意萧条时则开水浇灌瓷像（《大唐传载》），是典型的俗神。"（布目潮沨《茶经详解》解说）想必天心也因这条史料而给陆羽"茶商的守护神"的评价。

天心对于《茶经》的介绍有三卷十章，从第一章到第五章是简略记载，第六章以后只有寥寥数语的说明。天心给予以《茶经》为代表的唐代和宋代的茶高度的评价，但是不知根据《茶经》的哪些记述得出"支配万物的调和和秩序"的结论。如果要从《茶经》找出茶的精神性，"一之源"中的"茶之为用，味至寒，为饮最宜精行俭德之人"一句，最充分地体现了茶的精神，但是天心完全忽视了。就是说，天心并没有拘泥于某一个语句，他是从总体的事象捕捉到"泛神论的象征主义"的特征。

继而，《茶书》中唯一引用的《茶经》原文登场了。这是"三之造"中的一节，"第三章叙述茶叶的选择"，引用如下：

按照陆羽的说法，最上等的叶茶必须"像塔塔尔族的马靴那样布满褶皱，像强健的公牛的喉袋那样浑圆，像山谷间升起的大雾那样蔓延，像和风缓波的湖面那样闪烁，像雨后初晴的大地那样湿润柔和"。

就现在的《茶经》研究成果来看，天心误读原文。不知道译文究竟要讲什么。这是天心不知道团茶的真实情况牵强附会英译的结果。

第一个误解是开头所说的"最上等的叶茶",原文是"the best quality of leavers"。但是这个茶在陆羽时代是团茶,不是叶茶。《茶经》原文是"茶有千万状",只有茶。进而把原文的"有千万状"漏掉了。《茶经》原文是说"团茶有各种各样的形状",接下来的文章描写各种形状的特征,而天心理解成"最上等的叶茶"一种,把各种形状的表现改成一种叶茶,由此展开论述,出现了布满褶皱、浑圆、像大雾、和风等不知所云的表现。根据布目潮沨翻译的《茶经》,各种形状团茶的大致情形有"像胡人靴子那样的,紧缩起褶布满细皱;像水牛胸那样的,纹路清晰;像浮云出山的,弯弯曲曲;像疾风拂水的,轻巧纤弱;像陶工筛取黏土用水澄清那样的;还有像山风过后的大地遭遇暴雨大水四溢的。"而天心把这些作为对一种茶的描述意译了。

产生这个误解的原因恐怕是天心所看到的《茶经》不是当时日本人所依赖的大典禅师评释的《茶经详说》。大典显常(1719—1801)在安永三年(1774)撰写了《茶经详说》。在这里把前面引用的一节加上正确的解释,在"茶有千万状"的下面有"是团茶的形状",明确注明不是叶茶。

但是,尽管明确了没有参考《茶经详说》,却没有解明天心在多种《茶经》版本中究竟看了哪一个,而且尽管有一些问题,至少天心把《茶经》视为茶书中最重要的作品是确凿无疑的。使用这么大的篇幅仔细介绍内容的书除了《茶经》没有第二本。

在介绍《茶经》之后,天心又引用了卢仝的茶歌。这也是意译,缺乏准确性,当然没有前面那样的误解。

冈仓天心在第二章"茶的流派"中提出的历史评价非常重要。简而言之,其见解就是"从唐到宋发展起来的中国茶文化进入明代衰退了,相应地,精神性丰富的茶文化在日本充分发展。这就是茶道。"下面对其理论的展开再做具体的分析。

首先,天心高度评价宋代的茶。宋代流行抹茶,用茶筅点茶的方法普遍使用。不仅仅是这种技术的发展,意识的变化更值得注目。

宋代茶的理想如同人生观一样，不同于唐代。唐代象征化的努力在宋代实现了。不是作为象征的自然，而是人类与自然一体化，接受从自然到人生的启发，这才是宋代的精神。天心因此写道："茶没有停留在单纯诗的游戏中，最终成为自我表现的手段。"

作为例证，天心引用了王禹偁 (954—1001) 的作品，并指出：

王禹偁称赞茶说："打动心弦，其微妙的苦味如同接受良言后的回味。"

这首诗见于王禹偁的诗文集《小畜集》卷十一，题为《茶园十二韵》：

勤王修岁贡，税驾过郊原。蔽芾余千本，菁葱共一园。

牙新撑老叶，（新牙之上去年旧叶尚在）土软迸深根。舌小侔黄雀，毛狞摘绿猿。

出蒸香更别，入焙火微温。采近桐华节，生无谷雨痕。

缄縢防远道，进献趁头番。待破华胥梦，先经阊阖门。

汲泉鸣玉甃，开宴压瑶罇。茂育知天意，甄收荷主恩。

沃心同直谏，苦口类嘉言。未复金銮召，年年奉至尊。

天心所引用的想必就是第二十一、二十二句的"沃心同直谏，苦口类嘉言"。紧接着，天心又引用了苏东坡 (1036—1101) 的观点说：

苏东坡写道：茶彻底净化的力量就像腐败无法接近的品行高洁之人。

这个出典并不明确，但是其思想与苏东坡 120 句的长诗《寄周安孺茶》中的第 61～64 句非常吻合。

有如刚耿性，不受纤芥触。又若廉夫心，难将微秽渎。（宋苏轼《东坡全集》卷二十七）

石川忠久氏翻译如下：

茶中拥有刚直的品性

不纳尘垢

又如清廉之人

一尘不染（《歌咏茶的诗：〈咏茶诗录〉详解》）

《咏茶诗录》的编者馆柳湾（1762—1844）名机，通称雄次郎，幕府武士，也是文人。《咏茶诗录》作于天保十年（1829），天心很可能读过。当然，苏轼的诗文广为人知，不必硬把《咏茶诗录》作为出处。

三、明代的茶诗和天心的历史观

以陆羽为核心的冈仓天心高度评价了唐代和宋代的茶。但是到了元代，宋代的文明被破坏，尽管明代汉民族再次复兴，但是就茶而言没什么特别值得关注的东西，因此被天心抛弃，断言"对于后代的中国人来说，茶即便是美味饮料，但是不再包含理想理念"。究竟是否如此呢？

天心应该充分了解明代茶书。他写道：到了明代"过去的痕迹完全消失。抹茶也被彻底遗忘。明代的注释者等对于宋代文献中出现的茶筅无法理解，不知所措"。可惜没找到这条史料的出处，不过天心对于明代当有相当的了解。[①]

纵览明代茶书，与宋代没有什么差异，论述茶的高贵精神地方不一而足。比如在田艺蘅的《煮茶小品》（约1554年成书）里把茶比做佳人，虽然同为佳人，不是妩媚的美女，而是古代的仙女。

> 茶如佳人，此论虽妙，但恐不宜山林间耳。昔苏子瞻诗"从来佳茗似佳人"，曾茶山诗"移人尤物众谈夸"是也。若欲称之山林，当如毛女、麻姑，自然仙风道骨，不浼烟霞可也。必若桃脸柳腰，宜亟屏之销金帐中，无俗我泉石。

茶恰恰是适宜山林之士那样的风流人的饮料，这是中国的传统。

最著名的明代茶书《茶疏》也视茶为文雅养性的途径。作者许次纾（1549—1604）是杭州人，约在1602年撰写是书。其中有"饮时"一节：

---

① 不知冈仓天心所云是否依据下面的史料。清毛奇龄《辨定祭礼通俗谱》卷三：祭礼无茶，今偶一用之。若朱礼每称茶筅，吾不知茶筅何物。且此是宋人俗制，前此无有，观元人有咏茶筅诗可验。或曰宋时用茶饼将此搅之，然此何足备礼器乎？——译者注

　　心手闲适 披咏疲倦 意绪棼乱 听歌闻曲 歌罢曲终 杜门避事
鼓琴看画 夜深共语

　　明窗净几 洞房阿阁 宾主款狎 佳客小姬访友初归 风日晴好
轻阴微雨 小桥画舫

　　茂林修竹 课花责鸟 荷亭避暑 小院焚香 酒阑人散 儿辈斋馆
清幽寺观 名泉怪石

　　其中描绘了抚慰身心、远离世俗、丰富内心、接近纯粹世界的时刻，以及美好的邂逅，充分体现了对于茶清雅世界的期待。同书还有"良友"一节，"清风明月，纸帐楮衾，竹床石枕，名花琪树"是茶的益友。难道不是体现了典型的中国文人的精神境界吗？只是不知道天心为什么会忽视这种明代茶风。

　　要解开这个谜需要从两个方面展开思考。第一个方面是冈仓天心的东洋文明史的历史观，另一个方面是日本煎茶与抹茶的对立。

　　天心对于当时的中国持否定态度。不仅是中国，他否定整个亚洲。这在《东洋的思想》的序章里有明确的阐述。包括印度与中国两大文明的亚洲曾经形成自己独特的精神世界。在亚洲一体这个著名的开场白里，包含了天心对于它分割、破坏、衰退历史的反省。只有日本没有受到异民族的支配与侵略，所接受的大量中国、印度文明保存至今。天心认为，日本是亚洲文明的博物馆，唯一现实存在的亚洲文明。

　　今天，只能说天心的历史观缺乏说服力。亚洲文明博物馆的资格如果说到明治维新可能还拥有，但是之后日本历史朝着天心所期待的相反方向发展了。日本在完成西欧化的所谓现代化的同时，也一下子就抛弃了传统。进而因为战争而失去了大量的文物，虽然时间短暂，还是被异民族占领了。日本走上了与中国、印度同样的道路。

　　但是其历史并不像天心所说的那么负面。中国和印度尽管有异民族的统治和蹂躏，但至今仍然拥有压倒其他文明的独特文明。日本在被全球化浪潮淹没的同时，也保存着日本的精髓。这只是持有不同于天心的目光，即持有比较文化的相对的视点，不是用简单的发展与衰退来评价文化。

如此看来，冈仓天心先见性、鼓动性的天赋一目了然。如何处理与欧美的关系，为了增强印度、中国、日本的自立性，在 19～20 世纪的风潮中，天心采取了果敢地行动起来。《茶书》就是其中的一个环节。

就像刚才提到的，天心认为唐宋优异的中国茶因为元的侵略而衰退，到了明代仅仅是嗜好品的饮料。在继承了唐宋精神的日本，其成果是举世无双的茶道。于是，这部《茶书》向一无所知的欧美人对茶道的特征、对茶室和茶道具做了文学的解释。在这方面，《茶书》在理论上与《东洋的思想》具有相同的构造。

从今天的视点看来，研究象征日本文化的茶道是非常自然的，没有像天心的历史观那样有不协调的感觉。但是，如果用明治中期的眼光看，相反地与简单地接受天心的历史观相对应，无疑会难以接受通过茶道来阐述日本文化。填埋这个鸿沟，《茶书》在日本被翻译、广泛阅读，花了 1/4 个世纪的时间。追究其原因，天心离开日本的明治时代前期，是茶道被抛弃、不被知识阶层关心的时代。一定要说茶的话，不是茶道（抹茶），而是煎茶道（煎茶）在社会上流行。

四、煎茶与抹茶的对立

众所周知，在 18 世纪的日本，流行新的中国热。根据长崎新令，中国贸易安定下来，因为被称为"唐船持渡书"的大量书籍的进口，日本知识阶层憧憬中国的情绪高涨。被称为文人的群体登上了日本的舞台。这些日本文人的代表性趣味就是煎茶。

至此为止，日本的煎茶文化比中国落后得多。相对明代改为煎茶的中国，日本制度化的茶是抹茶。煎茶是在釜中煮茶叶的"煎煮茶"，在日本不过是地方的、下层社会的饮料而已。但是在 18 世纪前期，出现了用过去抹茶的加工方法制造的煎茶，在宇治生产与现在的绿茶基本一样的茶。而且同时从中国进口茶壶，从煎煮茶演变为现代的煎茶（淹茶法）。

在这个煎茶的发展中，出现了使用崭新的煎茶法，以中国文人精神为号召的卖茶人，这就是被视为煎茶之祖的卖茶翁（高游外）。卖茶翁在京都东山设通仙亭，竖起书有"清风"二字的旗帜，卖茶为生。在卖茶翁的周边，大坂的木村兼葭堂、京都的伊藤若冲等文人、画家形成了网络，沉湎在文人趣味之中。不久，由卖茶翁倡导的煎茶趣味站在了批判建立在传统抹茶之上的茶道的立场上。在形式上也是茶道所没有的、接受清新时尚的清朝风俗，在煎茶中追求自由阔达的脱俗精神，描绘出【俗-茶道-和式】【雅-煎茶-华式】的图式。

卖茶翁所著《梅山种茶谱略》（约成书于 1754 年）中，《茶经》和卢仝茶歌只有名称，更加专注日本茶的历史。但是在可以说是最早的煎茶概论的大枝流芳《青湾茶语（煎茶仕用集）》（1756 年成书）中，例举了《茶经》以下的二十四部《说郛》所载茶书书名，进而还例举了之外以喻政编《茶集》为首的二十五种与茶相关的书名，基本网罗了中国的茶书。在 18 世纪中叶，日本文人终于读到中国茶书，由此学习的煎茶成为崭新的文人趣味的象征。

尽管提到了大量茶书的书名，但是大枝流芳特别参考的是明代茶书。例如茶的"饮时"、"良友"等，前面引用的《茶疏》史料被转载。此外还大量引用了如《茶解》、《煮泉小品》、《遵生八笺》、《茶笺》、《煎茶七类》等明代茶书。

从幕府末年到明治维新，煎茶对于日本的影响压倒了茶道。也有幕府末年的志士们喜爱煎茶的原因，明治维新后明治政府的高官们都有煎茶趣味。而同时，家元仕于旧大名（诸侯）得到他们的扶持，茶道在家元的统御下，伴随着旧大名、旧豪商的没落而衰落。在文明开化中，带有强烈江户时代游艺色彩的茶道对于新的知识阶层来说难以接受。夏目漱石在小说《草枕》中表现了对于煎茶的眷恋，以及对于茶道的冷嘲热讽，由此可见明治时代前期，与抹茶茶道相比，煎茶更加普及。

但是冈仓天心恰恰在目睹这种茶道衰退的同时，在《茶书》中只字未提当时春风得意的煎茶，令人难以想象地仅仅赞赏茶道文化。当然有作为明治时期中国观巨变转折点的日清战争（甲午战争）夹在其中，天心对于现代中国彻底失望，从而产生厌恶现代中国背后的明清中国所憧憬的文人趣味的感情，于是关注传统的日本茶道，而放弃了煎茶。

从当时煎茶流行、茶道衰退的状况看，天心的选择是与众不同的少数派的视点。但是天心的历史观、也就是唐宋文明在元代以后衰退，其优点被室町、桃山、江户时代的日本文化所继承。如果根据这个历史观，对于复兴失去的亚洲文明来说，把那个时代成熟起来的茶道作为象征也是理所当然的事情。

尽管如此，日本茶道和唐宋时代的茶文化，进而作为其背景的儒道佛，尤其是与道教一起论述是冈仓天心独创的视点。作为其历史起点的陆羽《茶经》的定位在此具有重要意义。冈仓天心把《茶经》视为"茶的圣经"，就像文章开始时所说的，我想天心撰写 20 世纪的茶经的野心就包含在《茶书》里。

熊仓功夫　国立民族学博物馆名誉教授、静冈文化艺术大学教授、校长。主要著作《近代茶道史研究》（日本放送协会，1978 年）、《茶汤的历史——到千利休》（朝日新闻社，1990 年）、《日本料理文化史——以怀石为中心》（人文书院 2002 年）、《现代语译南方录》（中央公论社，2009年）等。

五、附

录

陆羽《茶经》研究综录
——中国 30 年来的文献整理

叶　静

作为中国古代茶学第一部经典著作，陆羽所著《茶经》自诞生以来，一直受到历代学者的重视，也是中国茶文化研究的热点之一。现代学术意义上对陆羽及其《茶经》的系统研究真正开始于 20 世纪 80 年代，30 年来，致力于这方面研究的著作与论文数量众多，蔚为大观。我们认为，任何学术研究的深入，既要从原始的典籍出发，也要随时跟踪最新的研究进展。为了客观地呈现陆羽《茶经》的研究状况，提高茶学界对此课题的研究效率，本文从文献整理的角度，全面梳理了从改革开放到 2011 年间，当代中国茶学界、茶文化界在陆羽及其《茶经》研究方面所取得的成果。本文综录了已经公开出版的《茶经》研究著作 61 部，《茶经》研究论文 123 篇，陆羽研究论文 151 篇。以下按照时间顺序，从《茶经》研究著作、《茶经》研究论文、陆羽研究论文 3 个方面分别进行介绍，供学者参稽。

一、《茶经》研究著作

《茶经》研究著作是指以陆羽《茶经》为主要研究对象的学术著作。因此，有些著作虽然涉及《茶经》，但不被列入本目录当中，具体来说，有以下 3 种情况：①凡是关于中国茶史、中国茶文化史、中国茶文化概论的著作，陆羽的《茶经》必然是其中的组成部分，但《茶经》并不是其主要研究对象，因此不列入本目录。②对于综合性的茶文化典籍或资料集，本目录不予收录。③利用《茶经》的体例、结构，但内容为作者个人的创作，本目录不予收录。

这一部分按时间顺序综录了从 1978—2011 年，中国茶学界、茶文化界在《茶经》的编校、翻译、注释、评述、研究等方面所出版的著作，共61 部。下面依次录入作者（含编译者）、著作名称、出版单位、出版时间，有的还注明了其再版情况。

1. 张迅齐编译．《茶话与茶经》．台北：台湾常春树书坊，1978.

2. 陈彬藩著．《茶经新篇》．香港：香港镜报文化企业有限公司，1980 年 12 月（1984 年 1 月再版，1986 年 8 月 3 版，2008 年 7 月 4 版，2009 年 3 月 5 版）．

3. 张芳赐著．《茶经浅释》．昆明：云南人民出版社，1981.

4. 陆羽著，傅树勤、欧阳勋译注．《陆羽茶经译注》．武汉：湖北人民出版社，1983.

5. 蔡嘉德著，吕维新译．《茶经语释》．北京：农业出版社，1984.

6. 陆羽著，张宏庸编纂．《陆羽茶经译丛》．茶学文学出版社，1985.

7. 陆羽著，张宏庸编纂．《陆羽茶经丛刊》．茶学文学出版社，1985.

8. 陆羽著．《丛书集成初编：茶经　宣和北苑贡茶录　茶品要录》．北京：中华书局，1985.

9. 吴觉农主编．《茶经述评》．北京：中国农业出版社，1987 年 5 月初版（2005 年 3 月第 2 版）．

10. 欧阳勋、陈幼发主编．《茶经论稿》．武汉：武汉大学出版社，1988.

11. 陆羽著，熊蕃撰，黄儒著．《茶经　宣和北苑贡茶录　茶品要录》．北京：中华书局，1991.

12. ［日］千宗室著，萧艳华译．《〈茶经〉与日本茶道的历史意义》．天津：南开大学出版社，1992.

13. 王缵叔、王冰莹编著．《茶经·茶道·茶药方》．西安：西北大学出版社，1996.

14. 王晓达编．《茶圣陆羽》．成都：四川少年儿童出版社，1996.

15. 宋平生等著译．《历代茶经酒经论选译》．北京：中国青年出版社，1998.

16. 郭超、夏于全编著．《传世名著百部乐记、茶经、景德镇陶录》（第61卷）．北京：蓝天出版社，1999.

17. 黄志杰等主编．《遵生八笺、茶经、饮膳正要、食物本草精译》．北京：科学技术文献出版社，2000.

18. 童正祥，周世平著．《新编陆羽与茶经》．香港天马图书公司，2003.

19. 裘纪平著．《茶经图说》．杭州：浙江摄影出版社，2003.

20. 陆羽、陆廷灿著．《茶经·续茶经》．北京：中国工人出版社，2003.

21. 程启坤、杨招棣、姚国坤著．《陆羽〈茶经〉解读与点校》．上海：上海文化出版社，2003.

22. 柯秋先编著．《茶书——茶艺、茶经、茶道、茶圣讲读》．北京：中国建材工业出版社，2003.

23. 陆羽著．《影印宋刻〈茶经〉》．杭州：杭州出版社，2003.

24. 陈国勇编著．《中国古典文学丛书/茶经》．南宁：广西民族出版社，2004.

25. 陆羽、陆廷灿著，乙力编．《茶经·续茶经》．兰州：兰州大学出版社，2004.

26. 陆羽著，张芳赐等译释．《茶经译释》．昆明：云南科学技术出版社，2004.

27. 陆羽、陆廷灿著，志文注译．《茶经　续茶经》．西安：三秦出版社，2005.

28. 陆羽著，卡卡译注．《茶经》．北京：中国纺织出版社，2006.

29. 陆羽、陆廷灿著．《茶经》．昆明：云南人民出版社，2006.

30. 陆羽著．《茶经》．北京：华夏出版社，2006.

31. 南国嘉木编著．《茶经新说》．北京：中国市场出版社，2006.

32. 陆羽撰，沈冬梅校注．《茶经校注》．北京：中国农业出版社，2006.

33. 陆羽著，萧晴编译．《茶经》．北京：中国市场出版社，2006.

34. 齐豫生著．《意林茶经》．长春：北方妇女儿童出版社，2006.

35. 中国国际茶文化研究会编．《茶书集成》（1、2、3、4）．北京：中华书局，2007.

36. 陆羽、陆廷灿著．《茶经》．北京：蓝天出版社，2007.

37. 陆羽著，紫图编绘．《图解茶经》．海口：南海出版公司，2007.

38. 陆羽著．《茶经（图文版)》．南京：凤凰出版社，2007.

39. 陆羽、朱琰著．《茶经 陶说》．长春：时代文艺出版社，2008.

40. 池宗宪著．《茶经》．北京：中国友谊出版公司，2008.

41. 陆羽、陆廷灿著．《茶经·续茶经》（插图本）．沈阳：万卷出版公司，2008.

42. 陈文华主编．《中国茶文化典籍选读》．南昌：江西教育出版社，2008.

43. 李桂编著．《茶经漫话》．北京：新世界出版社，2009.

44. 陆羽、陆廷灿著，张峰书整理．《茶经·续茶经》（上、中、下）．沈阳：万卷出版公司，2009.

45. 陆羽著．《图说茶经》．北京：北京燕山出版社，2009.

46. 贾振明主编．《图解文释茶经》．呼和浩特：远方出版社，2009.

47. 陆羽著，宋一明译注．《茶经译注外三种》．上海：上海古籍出版社，2009.

48. 文婕主编．《新编中国古今茶经大全》．呼和浩特：内蒙古人民出版社，2009.

49. 陆羽、陆廷灿著．《茶经》．合肥：黄山书社，2010.

50. 陆羽著．《茶经》（影印本）．合肥：黄山书社，2010.

51. 陆羽著.《茶经》.北京：中华书局，2010.

52. 陆羽撰.《茶经 续茶经》.郑州：中州古籍出版社，2010.

53. 姚国坤编著.《茶圣·〈茶经〉》.上海：上海文化出版社，2010.

54. 陆羽著，钟强主编.《茶经》（精装珍藏本）.哈尔滨：黑龙江科学技术出版社，2010.

55. 陆羽原著.《茶经全书》.呼和浩特：内蒙古人民出版社，2010.

56. 陆羽著.《图解茶经认识中国茶道正宗》.海口：南海出版社，2010.

57. 陆羽原著.《图解茶经》（白话全译彩图版）.海拉尔：内蒙古文化出版社，2011.

58. 陆羽著.《茶经》.昆明：云南人民出版社，2011.

59. 双鱼文化主编.《中国茶经茶道》.南京：凤凰出版社，2011.

60. 张绍民著.《〈茶经〉的人生智慧》.贵阳：贵州人民出版社，2011.

61. 陆羽著.《茶经》（彩色珍藏版）.北京：中国画报出版社，2011.

总体看来，《茶经》研究著作可按时代划分为三个阶段：

1978—1988 年，是《茶经》研究著作的起始阶段。这一阶段共出版著作 10 部，主要是对《茶经》进行译注、解释，以及对其内涵的探讨。它们奠定了《茶经》研究的理论基础，并对此后的《茶经》研究产生了重要影响。比如其中最有代表性的——吴觉农主编的《茶经述评》，至今仍是茶学界公认的《茶经》研究的经典著作，该书初版于 1987 年 5 月，并于 2005 年 3 月再版。此外，第一本《茶经》论文集——《茶经论稿》也出版于 1988 年，该书收录的 15 篇论文体现了当时国内外学者的研究水平。

1991—1999 年，是《茶经》研究著作的调整阶段。这一时期表现出来的一个显著特点是，从著作出版的情况看，数量少了，但是从《茶经》

研究的论文来看，数量却在逐步增多。可以说，这个时期的《茶经》研究著作从一般性的研究进入到更深层次的研究阶段。这一时期出版著作 6部，其中包括日本学者千宗室所著《〈茶经〉与日本茶道的历史意义》一书，该书在国内的翻译出版，对中日茶文化交流产生了积极影响。

2000—2011 年，是《茶经》研究著作的繁荣阶段，尤其最近两年，更是形成了一股《茶经》出版的热潮。这一时期的著作有三个特点，一是在《茶经》的解读与译注方面有所精进，除了文字注解之外，还出现了不少图解类的图书。除了纸质出版物外，在互联网上还出现了电子版的《茶经集注》。第二个特点是将《茶经》与相关茶书合并呈现。第三个特点是深层次的研究著作少，普及性的编纂类图书多。此阶段具有较高学术水平的研究著作有两本：一本是程启坤、杨招棣、姚国坤三位先生合著的《陆羽〈茶经〉解读与点校》(上海文化出版社，2003)；另一本是沈冬梅博士的《茶经校注》(中国农业出版社，2006)。

二、《茶经》研究论文

目前可查的最早发表的《茶经》研究论文是庄晚芳先生《关于陆羽及其茶经的一二事》一文，发表于《茶叶通讯》1963 年第 1 期。但真正学术意义上对《茶经》进行系统研究的，开始于 20 世纪 80 年代，即《茶经》研究的起始阶段。这里综录了 1978—2011 年，有关陆羽《茶经》的学术论文，共 123 篇。另有研究生学位论文两篇。下面依次录入作者、论文题目、期刊（或杂志）名称、发表时间及期数，有的还注明论文在其他期刊或杂志的发表情况。

1. 庄晚芳．《陆羽〈茶经〉浅介》,《自然杂志》，1978 年第 1—8 期．

2. 孙定焕．《陆羽及其〈茶经〉》,《世界图书》，1980 年第 10 期．

3. 林漱峯．《陆羽〈茶经〉中有关福建茶叶论述初考》,《福建茶叶》，1980 年 Z1 期．

4. 孙定焕．《〈茶经〉的版本》,《文献》，1981 年第 1 期．

5. 李纪贤．《唐陆羽〈茶经〉之"邢不如越"辩》，《美术史论》，1982 年第 4 期．

6. 傅树勤．《〈茶经〉的成书年代》，《首都师范大学学报》，1983 年第 1 期．

7. 蔡嘉德．《陆羽与〈茶经〉》，《江西图书馆学刊》，1983 年第 2 期．

8. 郭济芳．《陆羽及其〈茶经〉》，《云南茶叶》，1984 年第 3 期．

9. 欧阳勋．《陆羽和〈茶经〉》，《人物杂志》，1984 年第 6 期．

10. 欧阳勋．《〈茶经〉版本考略》，《茶业通报》，1985 年第 2 期．

11. 李德贵．《陆羽与茶经》，《大众科学杂志》，1986 年第 1 期．

12. 李辉柄．《〈茶经〉与唐代瓷器》，《故宫博物院院刊》，1986 年第 3 期．

13. 李曼农．《陆羽和〈茶经〉》，《春秋》，1986 年第 4 期．

14. 邓乃朋．《陆羽〈茶经〉与现代茶叶生产》，《贵州农业科学》，1986 年第 2 期．

15. 刘安国．《"茶神"故乡开盛会日本友人献〈茶经〉——记陆羽研究会首届学术讨论会》，《农业考古》，1986 年第 2 期．

16. 李砚祖．《"邢不如越"与文人士大夫工艺审美观——兼谈"唐陆羽〈茶经〉之'邢不如越'辩"一文》，《美术史论》，1987 年第 2 期．

17. 欧阳勋．《论〈茶经〉一之源》，《茶叶通讯》，1987 年第 2 期．

18. 李玉江．《陆羽与茶经》，《商业研究》，1987 年第 3 期．

19. 邓乃朋．《关于〈茶经·七之事〉中一段记载的真伪》，《贵州农业科学》，1987 年第 3 期．

20. 李刚．《〈茶经〉所谓的"类玉"、"类冰"问题》，《陶瓷研究与职业教育》，1987 年第 4 期．

21. 欧阳勋．《陆羽〈茶经〉在日本》，《古今农业》，1988 年第 2 期．

22. 杨浩．《〈茶经〉成书时间考》，《学术研究》，1988 年第 6 期．

23. 杨浩．《〈茶经〉成书年间考》，《茶业通报》，1989 年第 3 期．

24. 郭济芳．《陆羽和〈茶经〉》，《科技发展与改革》，1989 年第 8 期．

25. 陈椽.《研究陆羽〈茶经〉的片断理解》,《福建茶叶》,1990 年第 1 期.

26. 程喜霖.《唐陆羽〈茶经〉与茶道——兼论其对日本饮茶文化的影响》,《湖北大学学报》,1990 年第 2 期.

27. 于良子.《〈茶经·一之源〉"其字旧注"考辨》,《中国农史》,1990 年第 2 期.

28. 吕维新.《论茶圣陆羽与〈茶经〉》,《茶叶通讯》,1990 年第 3 期.

29. 程喜霖.《唐陆羽〈茶经〉与茶道》,《文科学报文摘》,1990 年第 4 期.

30. 熊寥.《陆羽〈茶经〉与越窑》,《陶瓷研究》,1990 年第 4 期.

31. 王书耕.《陆羽及其〈茶经〉对发展茶文化的贡献》,《农业考古》,1991 年第 2 期.

32. 李汉伟.《陆羽及其〈茶经〉》,《襄阳师专学报》,1991 年第 2 期.

33. 王家葵.《〈茶经〉引本草"苦荼"考》,《茶叶》,1991 年第 3 期.

34. 王钟音.《〈茶经〉奥句析义》,《广东茶业》,1992 年第 1 期(《农业考古》,1993 年第 2 期).

35. 傅铁虹.《〈茶经〉中道家美学思想及影响初探》,《农业考古》,1992 年第 2 期.

36. 李汉伟.《陆羽及其〈茶经〉》,《农业考古》,1993 年第 4 期.

37. 戈佩贞.《陆羽〈茶经〉与现代茶叶生产》,《福建茶叶》,1994 年第 1 期.

38. 朱乃良.《唐代茶文化与陆羽〈茶经〉》,《农业考古》,1995 年第 2 期.

39. 李明阳.《陆羽〈茶经〉对唐代经济的影响》,《农业考古》,1995 年第 2 期.

40. 雷树田,王弋.《陆羽·茶经·茶道论》,《农业考古》,1995 年第 2 期.

41. 李发良.《陆羽〈茶经〉评论》,《农业考古》,1995 年第 2 期.

42. 权奎山．《陆羽〈茶经〉与洪州窑瓷器》，《文物》，1995 年第 2 期．

43. 黄道培，黄予涛．《陆羽与信阳茶》，《农业考古》，1995 年第 4 期．

44. 刘安国．《陆羽著〈茶经〉》，《广东茶业》，1995 年第 4 期．

45. 马晓声．《陆羽与〈茶经〉》，《历史教学》，1995 年第 9 期．

46. 寇丹．《论〈茶经〉的诞生基础》，《农业考古》，1996 年第 2 期．

47. 薛德炳．《读〈茶经〉的一点新解》，《茶叶通讯》，1996 年第 2 期．

48. 郭孔秀．《唐诗与〈茶经〉》，《农业考古》，1996 年第 2 期．

49. 江玉祥．《"茶者，南方之嘉木也。"——读陆羽〈茶经〉札记之一》，《农业考古》，1996 年第 4 期．

50. 方健．《神农的传说和茶的起源——〈茶经·七之事〉考辨之一》，《农业考古》，1996 年第 4 期．

51. 艾煊．《陆羽和〈茶经〉》，《花城》，1997 年第 4 期．

52. 蔡乃武．《从文献看〈茶经〉以前饮茶饮酒风俗及相关的陶瓷器具》，《农业考古》，1997 年第 4 期．

53. 罗家庆．《陆羽〈茶经〉不言壶》，《农业考古》，1998 年第 2 期．

54. 桂遇秋．《长江两岸访茶泉——关于陆羽品定的天下一至七泉考略》，《农业考古》，1998 年第 4 期．

55. 王郁风．《乾隆钦定窜改陆羽〈茶经〉》，《福建茶叶》，1999 年第 1 期．

56. 徐荣铨．《陆羽〈茶经〉和唐代茶文化》，《农业考古》，1999 年第 4 期．

57. 寇丹．《据于道，依于佛，奠于儒——关于〈茶经〉的文化内涵》，《农业考古》，1999 年第 4 期．

58. 余方德．《茶圣陆羽、〈茶经〉和茶文化》，《今日浙江》，1999 年第 18 期．

59. 钱时霖.《〈茶经〉成书时间之我见》,《茶叶机械杂志》,2000 年第 1 期.

60. 钱大宇.《陆羽〈茶经〉的人文精神》,《农业考古》,2000 年第 2 期.

61. 王郁风.《陆羽瓷偶人之谜》,《中国茶叶》,2000 年第 2 期.

62. 赵天相.《〈茶经〉的意义与陆羽的追求——纪念〈茶经〉问世 1220 年》,《中国茶叶加工》,2000 年第 4 期(《茶业通报》,2001 年第 2 期;《农业考古》,2001 年第 4 期).

63. 谢昱.《陆羽与茶》,《河南林业》,2000 年第 5 期.

64. 钱时霖.《谈〈茶经〉的成书时间——陆羽不曾修改〈茶经〉》,《中国茶叶》,2000 年第 6 期.

65. 臧嵘.《茶神和〈茶经〉》,《文史知识》,2000 年 12 期.

66. 赵天相.《〈茶经〉的意义与陆羽的追求》,《农业考古》,2001 年第 4 期.

67. 余悦.《上下求索解茶魂——读寇丹〈陆羽与《茶经》研究〉》,《农业考古》,2002 年第 2 期.

68. 游修龄.《陆羽〈茶经·七之事〉"茗菜"质疑》,《中国农史》,2002 年第 4 期.

69. 赵大川.《径山茶考——陆羽〈茶经〉与日本茶道》,《农业考古》,2002 年第 2 期.

70. 林一顺.《〈茶经〉写作艺术论》,《河海大学学报》,2002 年第 4 期.

71. 申文.《陆羽〈茶经〉的茶艺观》,《茶报》,2003 年第 2 期.

72. 黎云.《陆羽〈茶经〉的美学观》,《茶报》,2003 年第 2 期.

73. 王家扬.《在茶圣陆羽诞辰 1270 周年纪念会上的讲话》,《农业考古》,2003 年第 2 期.

74. 王郁风.《〈四库全书〉版陆羽〈茶经〉校订》,《中国茶叶》,2003 年第 1 期.

75. 王郁风.《〈四库全书〉文渊阁本陆羽〈茶经〉校订（续)》,《中国茶叶》,2003 年第 2 期.

76. 丁俊之.《陆羽〈茶经〉对"茶的效用"论述的启示》,《农业考古》,2003 年第 2 期.

77. 程启坤.《对〈四库全书〉文渊阁本陆羽〈茶经〉校订的商榷》,《中国茶叶》,2003 年第 6 期.

78. 林盛有.《试论陆羽〈茶经〉"一之源"中的"上"与顾渚紫笋》,《农业考古》,2004 年第 2 期.

79. 马晓乐,祝恩元.《〈茶经〉版本述略》,《山东农业科学》,2004 年第 2 期.

80. 丁俊之.《研究陆羽〈茶经〉重在古为今用》,《贵州茶叶》,2004 年第 32 卷第 2 期.

81. 王家斌.《谈谈"苕溪、苕霅"及陆羽〈茶经〉的新观点》,《茶叶》,2004 年第 3 期.

82. 王郁风.《是"蒂如丁香"还是"茎如丁香"——陆羽〈茶经〉名词释疑》,《中国茶叶》,2004 年第 2 期.

83. 嵇发根,曹云.《〈茶经〉成地辩》,《中国地名》,2004 年第 2 期.

84.《〈茶经〉版本说》,《农业考古》,2004 年第 2 期.

85. 黄志浩.《论陆羽〈茶经〉的美学思想》,《甘肃社会科学》,2004 年第 3 期.

86. 沈冬梅.《宋刻百川学海本〈茶经〉考论》,《农业考古》,2005 年第 2 期.

87. 林瑞萱.《陆羽茶经的茶道美学》,《农业考古》,2005 年第 2 期.

88. 丁文.《评〈新编陆羽与茶经〉——学者案头必备之书》,《农业考古》,2005 年第 2 期.

89. 胡小鹏.《〈茶经〉的现代诠释》,《中国经济史研究》,2005 年第 3 期.

90. 周筱赟.《陆羽〈茶经〉撰写地杼山地望考辨》,《史学月刊》,2006 年第 1 期.

91. 宋伯胤.《〈茶经〉是陆羽揭开茶事秘密的一面镜子》,《寻根》,2006 年第 1 期.

92. 范齐家.《陆羽在〈茶经〉中对譬喻格的运用》,《茶博览》,2006 年第 4 期.

93. 林金木.《陆羽在余杭著〈茶记〉〈茶经〉的新发现》,《农业考古》,2006 年第 5 期.

94. 钱时霖.《陆羽初隐余杭苎山著〈茶记〉或〈茶经〉质疑》,《农业考古》,2006 年第 5 期.

95. 兰毅.《〈茶经〉的成因探析》,《天府新论》,2006 年 S2 期.

96. 高旭晖,刘桂华.《陆羽及其〈茶经〉对当代青年学子的人生启示》,《农业考古》,2007 年第 2 期.

97. 刘学忠.《从〈茶经〉"九之略"探陆羽的茶道取向》,《阜阳师范学院学报》,2007 年第 6 期.

98. 鲁鸣皋,鄢来香.《浅析陆羽〈茶经〉和谐思想及其现代价值》,《农业考古》,2008 年第 2 期.

99. 王蕊芳,曹瑛.《陆羽茶文化中养生方法探析》,《中国民间疗法》,2008 年第 8 期.

100. 兰毅.《〈茶经〉的茶艺观研究》,《时代文学》,2008 年第 11 期.

101. 龚永新.《陆羽〈茶经〉的著述特点》,《黑龙江史志》,2008 年第 24 期.

102. 蔡定益.《论〈茶经〉的儒、释、道美学思想》,《沧桑》,2009 年第 1 期.

103. 王仁湘.《陆羽与〈茶经〉》,《中华文化画报》,2009 年第 4 期.

104. 欧阳勋.《陆羽〈茶经〉在日本》,《农业考古》,2009 年第 5 期.

105. 赵天相.《陆羽〈茶经〉研究的几点认识》,《农业考古》,2009 年第 5 期.

106. 童正祥．《"陆羽公元 761 年之前不能完成〈茶经〉"吗?》,《农业考古》, 2009 年第 5 期．

107. 范齐家．《"青年陆羽不能胜任〈茶经〉写作"吗?》,《农业考古》, 2009 年第 5 期．

108. 程程．《透过陆羽〈茶经〉解读茶文化的内涵》,《黑龙江史志》, 2009 年第 16 期．

109. 朱海燕,向勇平,刘仲华．《论陆羽〈茶经〉中的茶审美观》, 《中国农学通报》, 2009 年第 22 期．

110. 欧阳勋．《传播世界的陆羽〈茶经〉》,《上海茶叶》, 2009 年第 1 期;《农业考古》, 2010 年第 2 期．

111. 欧阳勋．《〈茶经〉研究一得》,《农业考古》, 2010 年第 2 期．

112. 李阳波．《茶圣陆羽的〈茶经〉》,《蚕桑茶叶通讯》, 2010 年第 3 期．

113. 韩星海．《解读陆羽〈茶经〉中的"山南茶"及其他》,《上海茶叶》, 2010 年第 3 期．

114. 欧阳勋．《论〈茶经一·之源〉》,《农业考古》, 2010 年第 5 期．

115. 大茶．《"圣唐灭胡明年铸"乎? ——再论陆羽〈茶经〉成书何时》,《农业考古》, 2010 年第 5 期．

116. 童正祥．《论陆羽故里传播〈茶经〉的历史地位》,《农业考古》, 2010 年第 5 期．

117. 蔡玥．《浅析陆羽〈茶经〉中反映的自然环境对茶事的影响》, 《环境教育》, 2010 年第 10 期．

118. 虞富莲．《〈茶经〉存疑评说》,《茶博览》, 2010 年第 11 期．

119. 康璇．《〈茶经〉正文中的训诂》,《剑南文学: 经典阅读》, 2011 年第 1 期．

120. 刘静．《唐人咏陆羽诗研究——茶和陆羽的生活、〈茶经〉的写作及其人生初探》,《农业考古》2011 年第 2 期．

121. 李玉富,傅秋燕．《陆羽〈茶经〉所涉浙江省长兴县茶叶产地考叙》,《茶叶》,2011 年第 3 期.

122. 袁媛,姜欣,姜怡.《〈茶经〉的美学意蕴及英译再现》,《湖北经济学院学报》,2011 年第 6 期.

123. 紫了.《千匹良马换〈茶经〉》,《茶·健康天地》,2011 年第 8 期.

学位论文:

1. 金珍淑.《关于陆羽〈茶经〉中饮茶观点的研究》,浙江大学 2005 年博士学位论文.

2. 马晓丹.《二十世纪陆羽〈茶经〉研究综述》,东北师范大学 2008 年硕士学位论文.

以上综录的 123 篇论文分别发表在 40 余家学术刊物上,无论在论文的数量还是在质量方面,《农业考古·中国茶文化专号》都占据着较为明显的优势。尽管以上论文涉及《茶经》研究的许多方面,角度不一,方法各异。但是可以看出,《茶经》研究论文整体上有一个较为清晰的变化轨迹,即从最初的发现和介绍,到对版本、成书的研究,到考辨与分析,再到对《茶经》的写作艺术、美学观念、哲学思想、文化意义以及当代启示的追索等,研究视角在一点点扩大。概括起来,《茶经》研究论文大致可从以下六个方面来加以归类:

一是成书与版本研究。学者对《茶经》的成书地点、版本流变和学术价值基本达成共识,但是对《茶经》的成书时间仍保留着不同意见。二是《茶经》本体研究。这方面的研究主要体现在对《茶经》中术语、难句、地名、茶叶的阐释、质疑、考辨与解析。三是《茶经》与器具研究。四是《茶经》与茶叶生产及其经济影响研究。五是《茶经》文化内涵研究,包括对《茶经》中审美观、茶艺观、哲学思想的揭示等。六是对《茶经》的一般性介绍,以及对研究《茶经》著作的书评。

三、陆 羽 研 究 论 文

作为《茶经》的作者、茶学的创立者,陆羽被后世奉为茶神、茶仙、茶圣，享有崇高的地位。研究《茶经》就意味着要研究陆羽，研究陆羽也不可能避开《茶经》，两者应该是统一的。前述的"《茶经》研究著作"和"《茶经》研究论文"两个部分中的论著，或多或少都涉及对陆羽的研究。这里的"陆羽研究论文"和前两个部分的区别在于，除了关注作为"茶人"的陆羽，更多地关注的是作为"文人"的陆羽。也就是说，把陆羽作为一个复杂的"人"来把握，目的当然是为了更好地了解和研究陆羽。此处综录了从1980—2011年，公开发表的陆羽研究论文共151篇。下面依次列入作者、论文题目、期刊（或杂志）名称、发表时间和期数。

1. 俞寿康.《陆羽事迹拾零》，《中国茶叶》，1980年第6期.

2. 刘金华.《陆羽在江西》，《茶业通报》，1981年第4期.

3. 王家斌，沈根荣.《竺翁泉——陆羽在浙江的轶事》，《中国茶叶》，1982年第2期.

4. 蔡嘉德.《陆羽的名、字、号》，《中国茶叶》，1982年第3期.

5. 欧阳勋.《"茶圣"陆羽》，《中国农史》，1983年第4期.

6. 史念书.《〈全唐诗〉中的陆羽史料考述》，《中国农史》，1984年第1期.

7. 欧阳勋.《陆羽遗迹循踪》，《茶叶通讯》，1984年第3期.

8. 周靖民.《陆羽行踪再续》，《茶叶通讯》，1985年第1期.

9. 朱自振.《陆羽史料补遗三则》，《茶叶通讯》，1985年第2期.

10. 淦君毅.《陆羽与竟陵美食》，《中国烹饪》，1985年第2期.

11. 欧阳勋.《〈陆羽遗迹循踪〉续补》，《茶叶通讯》，1985年第4期.

12. 欧阳勋.《陆羽方志翰墨拾零》，《中国地方志通讯》，1985年第6期.

13. 欧阳勋.《陆羽研究初探》，《中国茶叶》，1985年第6期.

14. 欧阳勋.《陆羽生卒年考述》，《茶业通报》，1986年第1期.

15. 欧阳勋.《〈茶经〉完三卷伟业炙古今——唐代"茶圣"陆羽生平简介》，《长江大学学报》，1986年第4期.

16. 王家斌，钱时霖．《人间绝品应难识闲对〈茶经〉忆古人——陆羽研究的进展》，《福建茶叶》，1987 年第 3 期．

17. 王辉斌．《陆羽行年与著述考实》，《荆门大学学报》，1988 年第 4 期．

18. 欧阳勋．《陆羽亭和文学泉》，《古今农业》，1989 年第 2 期．

19. 陈耀东．《陆羽的卒年》，《文献》，1989 年第 4 期．

20. 储仲君．《茶神陆羽传论》，《晋东南师专学报》，1990 年第 2 期．

21. 宋协和．《陆羽和中国茶文化》，《华人之声》，1990 年第 6 期．

22. 许智范．《"茶神"陆羽在江西的遗踪及传说》，《农业考古》，1991 年第 2 期．

23. 宋兆麟．《茶神——陆羽》，《农业考古》，1991 年第 2 期．

24. 蒋寅．《陆鸿渐生平考实》，《古今农业》，1992 年第 2 期．

25. 李灿．《陆羽与茶》，《农业考古》，1992 年第 4 期．

26. 寇丹．《陆羽与湖州茶文化》，《学习与思考》，1992 年第 6 期．

27. 吴英藩，黄美红．《陆羽在江西遗迹寻踪》，《茶叶》，1993 年第 1 期．

28. 王家斌．《从〈六羡歌〉看陆羽的人生处世和品德》，《茶叶》，1993 年第 1 期．

29. 张堂恒．《陆羽在第二故乡"浙江"的茶事活动》，《茶叶》，1993 年第 1 期．

30. 罗家庆．《陆羽井与金沙泉》，《农业考古》，1993 年第 2 期．

31. 汪稳生．《陆羽遗风今犹在》，《农业考古》，1993 年第 2 期．

32. 吕维新．《青少年时期的陆羽》，《茶叶通讯》，1993 年第 3 期．

33. 罗家庆．《湖州陆羽故居青塘别业》，《农业考古》，1993 年第 4 期．

34. 罗家庆．《陆羽功成名立于湖州》，《农业考古》，1993 年第 4 期．

35. 吕维新，蔡嘉德．《陆羽在江西》，《茶业通报》，1993 年第 4 期．

36. 钱时霖．《陆羽轶事及随想》，《中国茶叶加工》，1994 年第 1 期．

37. 方健．《鸿渐未必是陆羽——兼论陆羽的卒年》，《农业考古》，1994 年第 2 期．

38. 吕维新．《陆羽在湖州》，《茶业通报》，1994 年第 4 期．

39. 吕维新．《陆羽论书法》，《茶叶通讯》，1994 年第 4 期．

40. 王郁风．《陆羽的一桩茶事冤案——对〈新唐书·陆羽传〉"更著毁茶论"一说的质疑》，《农业考古》，1995 年第 4 期．

41. 陆建伟．《陆羽思想中的禅性意向》，《湖州师范学院学报》，1996 年第 2 期．

42. 段红．《茶圣陆羽赣境行踪》，《农业考古》，1996 年第 2 期．

43. 舒义顺．《陆羽煮茶趣闻与〈茶经〉逸事》，《农业考古》，1996 年第 4 期．

44. 段红．《茶神陆羽与天下第六泉》，《农业考古》，1996 年第 4 期．

45. 丁文．《陆羽成才论》，《农业考古》，1996 年第 4 期．

46. 黄小梅，王耀华，万峰光，封武元，吴英藩．《陆羽在江西遗迹寻踪》，《蚕桑茶叶通讯》，1997 年第 3 期．

47. 吴英藩，黄小梅，封武元．《陆羽在江西遗迹寻踪》，《农业考古》，1997 年第 4 期．

48. 吴英藩．《陆羽在江西遗迹寻踪》，《广东茶业》，1993 年 Z1 期．

49. 吴英藩，黄美红．《陆羽在江西遗迹寻踪》，《茶叶》，1993 年第 1 期．

50. 王郁凤．《对〈新唐书，陆羽传〉"更著毁茶论"一说的质疑》，《福建茶叶》，1994 年第 1 期．

51. 王厚林．《陆羽茶道浅析》，《农业考古》，1994 年第 2 期．

52. 罗家庆．《陆羽何以为生》，《农业考古》，1994 年第 4 期．

53. 朱乃良，张葆明．《陆羽青塘别业考述》，《浙江学刊》，1994 年第 4 期．

54. 丹下明月．《世纪的传人——陆羽》，《农业考古》，1994 年第 4 期．

55. 童正祥.《"茶圣"出天门何以到杭州——〈中国茶文化〉邮票中"茶圣"陆羽票选图质疑》,《农业考古》,1997年第2期.

56. 吕维新.《陆羽在江西》,《蚕桑茶叶通讯》,1998年第2期.

57. 寇丹.《从〈茶经〉和〈六羡歌〉看陆羽的理想》,《福建茶叶》,1998年第3期.

58. 杨黎炜.《陆羽形象之惑》,《上海集邮》,1998年第3期.

59. 王广彬.《陆羽三谜》,《农业考古》,1998年第4期.

60. 吕维新.《陆羽和李冶"婚恋之谜"》,《茶叶》,1999年第2期.

61. 吕维新.《陆羽在上饶行踪考》,《蚕桑茶叶通讯》,1999年第2期.

62. 周志刚.《陆羽年谱史迹考辨》,《农业考古》,1999年第4期.

63. 孙促威.《茶圣陆羽像考》,《农业考古》,1999年第4期.

64. 罗家庆.《陆羽的晚年》,《农业考古》,1999年第4期.

65. 寇丹.《陆羽的形象问题》,《农业考古》,1999年第4期.

66. 寇丹.《有关陆羽形象问题》,《茶叶机械杂志》,1999年第4期.

67. 丁俊之.《陆羽对茶效用的评价》,《茶叶机械杂志》,2000年第1期.

68. 张镛.《天目云雾茶与茶圣陆羽》,《食品与健康》,2000年第2期.

69. 朱乃良.《试析陆羽研究中几个有异议的问题》,《农业考古》,2000年第2期.

70. 徐荣铨.《谈我对陆羽茶文化的认识》,《农业考古》,2000年第2期.

71. 吴家阔.《〈陆文学自传〉注译》,《农业考古》,2000年第2期.

72. 钱时霖.《〈陆文学自传〉真伪考辨》,《农业考古》,2000年第2期(《茶叶机械杂志》,2000年第4期).

73. 周志刚.《陆羽与李季兰交往考》,《农业考古》,2000年第2期.

74. 周志刚.《陆羽与怀素交往考》,《农业考古》,2000年第4期.

75. 寇丹．《走下神坛的陆羽：陆羽思想性格再论》，《农业考古》，2000 年第 4 期．

76. 徐荣铨．《陆羽的青塘别业确在湖州》，《农业考古》，2001 年第 4 期．

77. 寇丹．《再论陆羽的"西江水"》，《农业考古》，2001 年第 4 期．

78. 丁以寿．《陆羽煎茶二十四器考》，《茶业通报》，2002 年第 1 期．

79. 储仲君．《陆羽其人其事》，《常州工学院学报》，2002 年第 1 期．

80. 陈宏．《双溪陆羽民俗遗风考证》，《农业考古》，2002 年第 2 期．

81. 余清源．《茶圣陆羽在余杭》，《农业考古》，2002 年第 2 期．

82. 寇丹．《陆羽李冶不相恋》，《农业考古》，2002 第 4 期．

83. 赵大川，金启明．《陆羽在余杭著〈茶经〉的依据——答〈"苕霅"究竟为何地〉》，《农业考古》，2003 年第 4 期（《中国茶叶》，2003 年第 5 期）．

84. 黄贤庚．《茶圣陆羽曾到武夷山》，《农业考古》，2002 年第 4 期．

85. 赵天相．《陆羽〈六羡歌〉之我见》，《农业考古》，2002 年第 4 期．

86. 赵大川．《茶圣陆羽在余杭著〈茶经〉考》，《农业考古》，2002 年第 4 期．

87. 丁文．《感悟陆羽》，《农业考古》，2002 年第 4 期．

88. 刘湘松．《陆羽与雁桥》，《茶苑》，2003 年第 1 期．

89. 周志刚．《陆羽年谱》，《农业考古》，2003 年第 2 期．

90. 朱乃良．《再谈陆羽研究中几个有异议的问题》，《农业考古》，2003 年第 2 期．

91. 陈耀铭．《陆羽"得'蹇'之'渐'"正解》，《茶苑》，2003 年第 2 期．

92. 寇丹．《唐代女冠的个性解放——再论陆羽李冶不相恋》，《农业考古》，2003 年第 2 期．

93. 蔡泉宝．《陆羽与武康小山寺》，《农业考古》，2003 年第 2 期．

94. 董淑铎．《纪念陆羽进一步弘扬茶文化》，《农业考古》，2003 年第 2 期．

95. 董淑铎．《重建陆羽青塘别业的意义》，《农业考古》，2003 年第 2 期.

96. 尹占华．《陆羽佚文考》，《文献》，2003 年第 3 期．

97. 竺济法．《陆羽〈六羡歌〉歌名及创作动机探讨》，《茶报》，2003 年第 3 期．

98. 钱时霖．《再论陆羽在湖州写〈茶经〉》，《茶叶》，2003 年第 3 期.

99. 朱乃良．《陆羽与湖州》，《茶叶》，2003 年第 3 期．

100. 周志刚．《陆羽年谱（续）》，《农业考古》，2003 年第 4 期．

101. 丁文．《陆羽研究——陆羽的身份、个性、历史功绩及成功原因的探究》，《农业考古》，2003 年第 4 期．

102. 王镇恒．《陆羽事茶探史——纪念茶圣诞辰 1270 周年》，《茶业通报》，2003 年第 4 期．

103. 陈幼发．《陆羽不是皎然引上研究茶事之路——兼与罗家庆先生商榷》，《茶苑》，2004 年第 1 期．

104. 竺济法．《嵊州唐碑墓志铭与陆羽卒年》，《农业考古》，2004 年第 2 期．

105. 朱乃良．《三谈陆羽研究中几个有异议的问题》，《农业考古》，2004 年第 2 期．

106. 赵天相．《〈陆文学自传〉之我见》，《农业考古》，2004 年第 2 期．

107. 钱时霖．《我对〈陆文学自传〉的认识和理解》，《农业考古》，2004 年第 2 期．

108. 姚老庚．《陆羽的传说》，《上海集邮》，2004 年第 3 期．

109. 李新玲．《从皎然的茶诗看皎然与陆羽的关系——茶诗夜读札记之一》，《农业考古》，2004 年第 4 期．

110. 凌士欣．《茶圣本来是书家——陆羽书法拾零》，《中国书法》，

2004 年第 10 期.

111. 张港.《陆羽原本无姓名》,《文史天地》,2005 年第 1 期.

112. 刘毅.《唐宋人形壶与陆羽》,《中国收藏》,2005 年第 2 期.

113. 吕维新.《陆羽论书法》,《茶苑》,2005 年第 2 期.

114. 朱乃良.《〈陆羽茶文化研究〉15 年》,《农业考古》,2005 年第 4 期.

115. 王旭烽.《陆羽是怎样找到顾渚的——有关一个茶人与一座茶山的叙事》,《中国作家》,2005 年第 8 期(《茶博览》,2006 年第 2 期).

116. 楚庄.《如何正确认识陆羽李冶的感情交往——论寇丹君"陆李不相恋"的两篇文章》,《农业考古》,2006 年第 2 期.

117. 徐明生,士德.《茶圣陆羽与湖州茶》,《茶博览》,2006 年第 2 期.

118. 冯廷佺,林更生.《陆羽曾来过福建的探讨》,《福建茶叶》,2006 年第 3 期.

119. 陈云琴.《论陆羽对地方志的重大贡献及其原因》,《中国地方志》,2006 年第 11 期.

120. 白水.《陆羽与阳羡茶道》,《上海茶叶》,2007 年第 1 期.

121. 唐斌.《陆羽没有提及普洱茶》,《普洱》,2007 年第 1 期.

122. 徐晓村.《陆羽对中国茶文化的贡献》,《农业考古》,2007 年第 2 期.

123. 殷玉娴,王峰.《从〈茶经·四之器〉看陆羽的佛教思想倾向》,《安徽农业大学学报》,2007 年第 3 期.

124. 殷玉娴.《陆羽卒年考述》,《农业考古》,2007 年第 5 期.

125. 周志刚.《陆羽著述辑考》,《农业考古》,2007 年第 5 期.

126. 丁文.《陆羽与顾渚茶烟》,《茶·尚》,2007 年第 17 期.

127. 楚庄.《茶圣陆羽与茶乡荆门》,《农业考古》,2008 年第 2 期.

128. 王旭烽.《茶圣的爱情——陆羽与李冶》,《茶博览》,2008 年第 2 期.

129. 朱乃良. 《四谈陆羽研究中几个有异议的问题》,《农业考古》, 2008 年第 5 期.

130. 《陆羽与六角井》,《国学》, 2009 年第 1 期.

131. 蒋星煜. 《陆羽与茶文化》,《茶叶世界》, 2009 年第 1 期.

132. 邹永明. 《西山水月坞与茶圣陆羽》,《茶世界》, 2009 年第 2 期.

133. 蔡定益. 《论唐代诗文中茶圣陆羽的美学形象》,《茶叶》, 2009 年第 2 期.

134. 王中夷. 《茶圣陆羽与信阳茶》,《寻根》, 2009 年第 3 期.

135. 张明学. 《从绘画作品探析道教行业神: 茶神陆羽》,《世界宗教文化》, 2009 年第 4 期.

136. 梁道. 《六角井和茶圣陆羽的故事》,《茶·健康天地》, 2009 年第 8 期.

137. 王中夷. 《茶圣陆羽在信阳》,《茶叶世界》, 2009 年第 11 期.

138. 胡中行. 《陆羽 "丑男" 略考》,《茶叶世界》, 2009 年第 19 期.

139. 黄极. 《陆羽茶文化中的和谐思想》,《青年科学》, 2010 年第 1 期.

140. 竺济法. 《陆羽卒年再认识》,《农业考古》, 2010 年第 2 期.

141. 钱时霖. 《陆羽的文学才能及其著作》,《农业考古》, 2010 年第 5 期.

142. 赵天相. 《试解陆羽〈会稽东小山〉诗》,《农业考古》, 2010 年第 2 期.

143. 徐明生. 《〈杼山集〉中的陆羽行踪》,《农业考古》, 2010 年第 2 期.

144. 童正祥. 《 "唐处士陆羽鸿渐小像" 述评》,《农业考古》, 2010 年第 2 期.

145. 吴新平. 《两种人生道路一样辉映千古——陆羽与颜真卿的文化人格研究》,《农业考古》, 2010 年第 2 期.

146. 林更生. 《陆羽原来姓名是个谜》,《福建茶叶》, 2010 年第 5 期.

147. 赵天相．《话说陆羽的三个名誉称号——茶仙、茶神、茶圣》，《农业考古》，2010 年第 5 期．

148. 黄木生．《文化视域下的茶圣之"圣"》，《湖北成人教育学院学报》，2011 年第 1 期．

149. 李相武，邱慧．《浅析陆羽推崇越窑的原因》，《农业考古》，2011 年第 2 期．

150. 李众喜．《陆羽弃佛从文》，《民间传奇故事》(A 卷)，2011 年第 7 期．

151. 童正祥．《茶圣陆羽的"茶水之缘"》，《茶·健康天地》，2011 年第 10 期．

正如一些学者所指出的，陆羽不仅在茶学上成就卓著，而且在文学、史学、地理学上也有所建树。因此，只局限在茶学、茶文化领域的研究，不能体现出一个完全的或整体意义上的陆羽。这里所录的 151 篇论文，有不少能够对陆羽所处的时代环境、陆羽的思想、性格、情感，以及他在茶学之外的某些成就，进行分析。由于陆羽传记中原有许多模糊之处，对陆羽身世的考证一直在持续，但至今并未达成一个令各方都信服的结论。因此，有关陆羽的生平仍然存在空白。归纳起来，陆羽研究论文涉及以下几个方面：一是对陆羽身世的考证，包括对他的名字、生卒年、行踪、交游、情感、逸事等方面史料的搜集与研究。二是陆羽的性格、思想与品格研究，即他在文化上的性格研究。三是陆羽的形象研究，包括他在唐诗、绘画以及民间信仰中的"茶神"形象。四是陆羽的茶学研究，主要是对《茶经》的写作以及茶学观念的研究。五是陆羽的文学研究，例如他的诗歌创作、书法理论、方志研究等。六是对陆羽研究的理性思考与评述。

需要补充一点，除了上面综录的"陆羽研究论文"之外，还有不少陆羽研究专著在国内出版。如傅树勤的《茶神陆羽》（农业出版社，1984）是国内最早研究陆羽的专著。张宏庸的《陆羽全集》（台湾茶学文学出版社，1985）、《陆羽书录》（台湾茶学文学出版社，1985）、《陆羽图录》（台湾茶学文学出版社，1985），以及《陆羽研究资料长编》（台湾茶学文学出版社，1985）对陆羽生平与创作作了较为完全的史料整理工作。欧阳勋的《陆羽研究》（湖北人民出版社，1989）、寇丹的《探索陆羽》均为作者多年研究陆羽的集成之作。此外，丁文的《陆羽大传》（中国文联出版社，2002）虽为传记小说，但也具有一定的学术气质。

叶静　上海应用技术学院人文学院讲师。